# 室内照明设计

## / Interior Illumination Design

著　陈德胜　赵时珊

辽宁美术出版社

Liaoning Fine Arts Publishing House

# 序 >>

「 当我们把美术院校所进行的美术教育当作当代文化景观的一部分时，就不难发现，美术教育如果也能呈现或继续保持良性发展的话，则非要"约束"和"开放"并行不可。所谓约束，指的是从经典出发再造经典，而不是一味地兼收并蓄；开放，则意味着学习研究所必须具备的眼界和姿态。这看似矛盾的两面，其实一起推动着我们的美术教育向着良性和深入演化发展。这里，我们所说的美术教育其实有两个方面的含义：其一，技能的承袭和创造，这可以说是我国现有的教育体制和教学内容的主要部分；其二，则是建立在美学意义上对所谓艺术人生的把握和度量，在学习艺术的规律性技能的同时获得思维的解放，在思维解放的同时求得空前的创造力。由于众所周知的原因，我们的教育往往以前者为主，这并没有错，只是我们需要做的一方面是将技能性课程进行系统化、当代化的转换；另一方面，需要将艺术思维、设计理念等这些由"虚"而"实"体现艺术教育的精髓的东西，融入我们的日常教学和艺术体验之中。

在本套丛书出版以前，出于对美术教育和学生负责的考虑，我们做了一些调查，从中发现，那些内容简单、资料匮乏的图书与少量新颖但专业却难成系统的图书共同占据了学生的阅读视野。而且有意思的是，同一个教师在同一个专业所上的同一门课中，所选用的教材也是五花八门、良莠不齐，由于教师的教学意图难以通过书面教材得以彻底贯彻，因而直接影响教学质量。

在中国共产党第二十次全国代表大会上，习近平总书记在大会报告中指出："教育、科技、人才是全面建设社会主义现代化国家的基础性、战略性支撑……全面贯彻党的教育方针，落实立德树人根本任务，培养德智体美劳全面发展的社会主义建设者和接班人。坚持以人民为中心发展教育，加快建设高质量教育体系，发展素质教育，促进教育公平。"党的二十大更加突出了科教兴国在社会主义现代化建设全局中的重要地位，强调了"坚持教育优先发展"的发展战略。正是在国家对教育空前重视的背景下，在当前优质美术专业教材匮乏的情况下，我们以党的二十大对教育的新战略、新要求为指导，在坚持遵循中国传统基础教育与内涵和训练好扎实绘画（当然也包括设计、摄影）基本功的同时，借鉴国内外先进、科学并且灵活的教学方法、教学理念以及对专业学科深入而精微的研究态度，努力构建高质量美术教育体系，辽宁美术出版社同全国各院校组织专家学者和富有教学经验的精英教师联合编撰出版了美术专业配套教材。教材是无度当中的"度"，也是各位专家多年艺术实践和教学经验所凝聚而成的"闪光点"，从这个"点"出发，相信受益者可以到达他们想要抵达的地方。规范性、专业性、前瞻性的教材能起到指路的作用，能使使用者不浪费精力，直取所需要的艺术核心。从这个意义上说，这套教材在国内还具有填补空白的意义。 」

# 目录 Contents

# 第一章　光的基本性质

**本章重点** 》

1.光的概念。

2.光影的重要性。

3.照明设计的标准。

**学习目标** 》

以宏观的视角，对光的基本性质具有全局的把握与了解，从最根本处对光的基本属性有一个清晰、准确、系统的认识，明确照明设计的各项基本标准。

**建议学时** 》

2学时。

# 第一章　光的基本性质

人们眼里的世界被光划分为看得见的世界和看不见的世界，光塑造了人类眼中的世界，心中的世界观，成为物化理念的体现。

## 第一节　光的概念

感官在很大程度上影响甚至左右着人类的思想。而对光的视觉感知是人类诸多感官中最生动、最直接的一种，它是认知与表现的起点。这里所说的光，不单是人类视觉可感知的光，还包括视觉感知不到的红外光和紫外光等。在这里我们把光统称为电磁波。波长的范围不同，决定了各种波长的性质也各不相同。在建筑光学或照明工程中所说的光，往往指的是波长380～780nm的这部分电磁波（图1-1）。

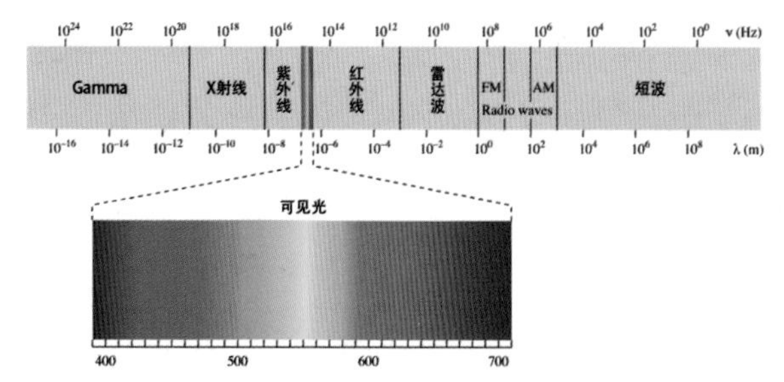

图1-1　光的波长与性质

图1-2　自然光

图1-3　人造光

### 光的分类

从光源的产生介质来说，包括自然光和人造光（图1-2、图1-3）。

#### 1.自然光：日光、月光、火光、矿物光

自然光主要来自于太阳，太阳发出的直射光在穿过大气层的过程中，被悬浮在大气层中的各种尘埃微粒吸收和反射后，均匀地照亮天空。如果不是大气层的一系列作用，太阳光不可能不经过任何反射就直接照在地球表面。所以，人们肉眼看到的光和大气层外的阳光是不一样的。在照明设计中，一般把昼光直接称为自然光。

通常情况下，自然光是没有形态的，但在某些特殊条件下，自然光会表现出可以被视觉认知的具体形态。比如，阴雨天空中霎时劈下的凌厉闪电，日出时分雨中的彩虹等。人类的活动也可以把自然光呈现出来，比如建筑内经由窗、门、穹顶等投射进入而形成的自然光形态等。这些不仅有形态特征，还有赤、橙、黄、绿、青、蓝、紫这七种变化。

（1）自然光的分类

①直射光

一天之中，由于地球自身的倾斜角度与自转，直射的太阳光的照射状态是一直在变化着的，因早晚时刻不同，其照明的强度和角度都是不一样的。人们根据太阳和地面构成的夹角不同，将全天直射的阳光的变化情况分为三种照明阶段。

早晚太阳光，当太阳从东方的地平线上升起以及傍晚太阳即将西落于地平线以下时，太阳光和地面的夹角为0°-15°，太阳在透过厚厚的大气层后，光线柔和，和天空光的光比约为2：1，这段时间非常短暂，光线强弱变化较大，人们的肉眼可以直接感知到（图1-4）。

图1-4 太阳从地平线升起

上午和下午的太阳光与地面的角度在15°～60°，通常是指上午8点到11点、下午2点到5点这一时间段的光线，照明强度比较稳定，可以较好地表现地面景物的轮廓、立体形态和质感。此时太阳光和天空光的光比约为3：1～4：1，画面的明暗反差表现极好（图1-5～图1-7）。

图1-5 上午的阳光

图1-6 下午的阳光

图1-7 稳定的光照

中午太阳光又称为顶光，从上向下垂直照射地面景物，在这种光线情况下，景物的水平面被普遍照明，而垂直面的照明却很少或完全处于阴影中。这一时刻的太阳光的照明角度常受到季节的影响，夏季的中午太阳光基本上以90°垂直向下照射地面景物，地面景物的投影很小。而其他季节的中午，太阳光以近似垂直的角度从上向下照射。冬季的中午，其照射的角度会更偏一些，仍然会让人们感觉到是接近垂直的角度（图1-8）。

②散射光

天空光，天空光主要是指太阳光在地球大气层中由于反复的反射及空间介质的作用，形成的柔和漫反射光。在日出和日落的时候，越靠近地面的天空光越

图1-8 强烈的午后阳光

图1-9

图1-10

明亮，离地面越远，天空光越暗。地面景物在这种散射光的照明下，普遍照度很低，很难表现物体的细微之处。

薄云遮日，当太阳光被薄薄的云层遮挡时，便失去了直射光的性质，但有一定的方向性，形成了明暗对比视觉效果的光线差。

乌云密布，太阳光被厚厚的乌云遮挡，经大气层反射形成阴沉的漫射光，完全失去了方向性，光线分布均匀。

这些视觉感受完全不是人类可以创造出来的，可以说，奇幻瑰丽的自然光正是照明设计的艺术源泉（图1-9～图1-12）。

图1-11

图1-12

### 2.人造光：电光

电光诞生以后，人们获得了有史以来最优质的人工光，建筑内部空间的照明状况得到极大的改善，人造光不仅容易控制，能够提供比较稳定的环境亮度，而且光的表现力与应用性也极为强大。可以说，电光的诞生，让人类在文明的社会里成为一种光的创造者和使用者，照亮了现代人类的希望与未来（图1-13～图1-15）。

图1-13

图1-14

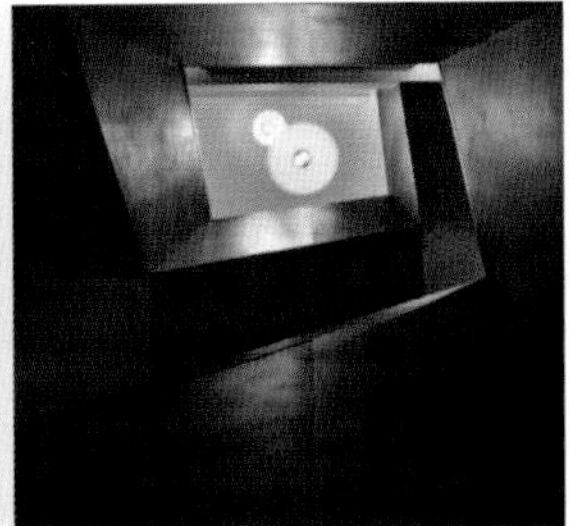

图1-15

按照工作原理的不同，电光源可以分为气体放电光源和固体发光光源（表1-1）。

## 第二节　光影的重要性

光是跟随阴影的浓淡长短划开时间的华丽袍子，呈现出多重叠影，若虚若实，是真实中的梦幻，是梦幻中的真实。

### 1.利用光影调节室内空间层次

室内装饰照明中的光影关系可调节室内空间组成要素的形状、比例、材质、肌理等形态特性，丰富空间组成，表达和诠释出层次、界面等关系（图1-16）。

图1-16

表1-1　电光源的分类

<table>
<tr><td rowspan="4">固体发光光源</td><td colspan="3">场致发光灯（高压、小电流驱动、玩具）</td></tr>
<tr><td colspan="3">半导体发光器件——发光二极管（LED）</td></tr>
<tr><td rowspan="2">热辐射光源</td><td colspan="2">白炽灯</td></tr>
<tr><td colspan="2">卤钨灯</td></tr>
<tr><td rowspan="9">气体放电光源</td><td rowspan="2">辉光放电灯</td><td colspan="2">氖灯（常用于信号灯）</td></tr>
<tr><td colspan="2">霓虹灯（常用于广告、装饰等）</td></tr>
<tr><td rowspan="7">弧光放电灯</td><td rowspan="3">低气压放电灯</td><td>荧光灯（普遍使用）</td></tr>
<tr><td>紧凑型荧光灯</td></tr>
<tr><td>低压钠灯</td></tr>
<tr><td rowspan="4">高气压放电灯</td><td>高压汞灯</td></tr>
<tr><td>高压氙灯</td></tr>
<tr><td>高压钠灯</td></tr>
<tr><td>金属卤化物灯</td></tr>
</table>

### 2.利用光影强调室内空间的序列层次

室内装饰照明中的光影关系可丰富空间层次及其组合关系，增强趣味性，可以渲染空间环境氛围，强化风格的同时，还可以明确空间导向性（图1-17）。

图1-17

图1-18

### 3.利用光影强调空间艺术性

灯具自身的造型、质感以及灯具的组合，通过控制灯光的角度、范围和造型，运用光的虚实、强化、投影等作用，达到渲染空间艺术效果、丰富室内空间构图层次，带来震撼视觉、奇幻诱人的艺术效果（图1-18）。

### 4.光反射的分类

没有光线，我们的世界就是一片虚无的黑暗。光线若洒落在平坦光滑的物体表面，会均匀地弹射回空气中。光的反射分为规则反射、扩散反射、漫反射、全反射。

（1）规则反射

也称镜面反射（图1-19）。

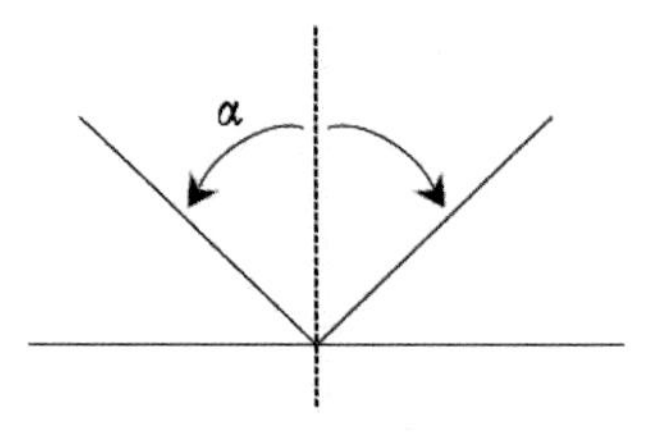


图1-19　规则反射

（2）扩散反射

当光线遇到不平整的表面时，界面对光进行多次反射和折射，使入射光向射点四面扩散。反射光束的立体角大于入射光束立体角。这种现象称为扩散反射（图1-20）。

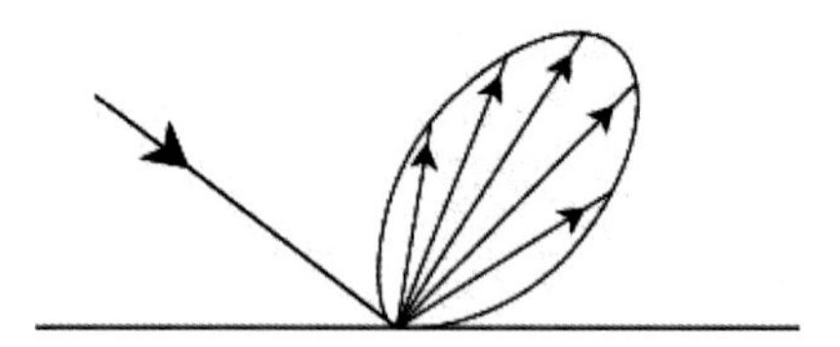

图1-20　定向扩散反射

（3）漫反射

漫反射的特点是入射光在反射面上各个方向反射出击，各个方向的反射光强度相同的称为均匀漫反射（图1-21）。

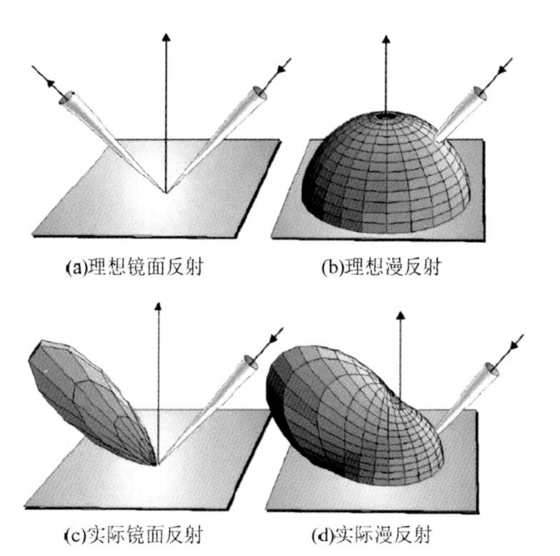


图1-21　慢反射

（4）全反射

全反射是从两介质的分解面处全部反射回原来的介质，这种现象称为全反射。

全反射提供了一个理想镜面反射的方法，因为灯具一般安装在水下。在水下照明时，不仅能提供足够的照度，更有利于观看奇幻的夜景（图1–22）。

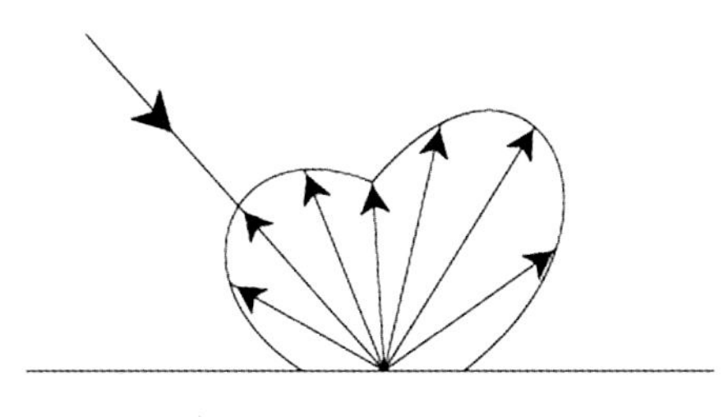

图1–22　全反射

## 第三节　照明设计的标准

人眼对外界环境照明差异的视觉完全取决于外界景物的亮度。但是实践中还是以照度水平作为照明的数量指标，确定照度水平要综合考虑视觉功效、舒适感与经济节能等因素。并非照度越高越好，无论从视觉功效还是从舒适感考虑选择的理想照度，最后都要受到能源供应的限制。所以，实际应用的照度标准大多是折中的标准。

衡量照度的标准，除取决于能否看清物体以外，还有看清楚物体的容易程度和主观感觉是否舒适等。因此，照度首先满足“可见度”；其次是“满意度”。

照度标准要综合考虑视觉功效、舒适感、经济性和节能性。由于不同时代背景、不同地区文化差异，照度水平可能存在较大的差异。

### 1.可见度

照度均匀度以上工作面上的最低照度与水平照度之比不得低于0.7。CIE（国际照明委员会）建议的数值是0.8。此外，CIE还建议工作房间内交通区域的平均照度一般不应小于工作区平均照度的1/30，相邻房间的平均照度相差不超过5倍（见表1–2）。

表1–2　临近周围照度

| 作业面照度/lx | 作业面临近周围照度值/lx |
|---|---|
| ≥750 | 500 |
| 500 | 300 |
| 300 | 200 |
| ≤200 | 与作业面照度相同 |

注：邻近周围是指作业面外0.5m范围之内。

### 2.满意度

满意度由两方面决定。一是实际条件下，看得容易的程度；二是视觉环境舒适满意的程度。前者为生理指标；后者为心理指标。人们在心理上的满意度要受个人的爱好、文化修养、鉴赏能力以及过去的经验等因素所支配。并且，与照明环境、色彩及陈设等有关。合理的照明系统，应当在符合建筑物的使用要求的同时，与建筑空间形式相协调（见表1–3）。

表1–3　常用照明电光源的性能比较

| 光源类别 | 热辐射光源 | | 气体放电光源 | | | | | | | 新光源 | |
|---|---|---|---|---|---|---|---|---|---|---|---|
| 性能参数 | 白炽灯 | 卤钨灯 | 荧光灯 | 高压汞灯 | | 高压钠灯 | | 金卤灯 | 大功率异型荧光灯 | LED | 微波离子灯 |
| | | | | 普通型 | 自动型 | 普通型 | 高光色型 | | | | |
| 光效Lm/w | 7.4~16 | 18~21 | 40~100 | 44 | 29 | 112 | 60~80 | 100 | 70~80 | 80 | 120 |
| 显色指数Ra | 99~100 | 99~100 | 65~90 | 20~25 | | 20~25 | 70~80 | 60~90 | 80~90 | 70 | =90 |
| 相关色温K | 2500~2900 | 2900~3000 | 2700~~6500 | 4000 | 3700 | 2000~2300 | | 300~5600 | 2500~7000 | 4500~6000 | 6500~7000 |
| 平均寿命h | 1000 | 1500~2000 | 3000~8000 | 4000~6000 | 3000 | 6000~2400 | 12000~16000 | 1000~10000 | 8000~10000 | >20000 | >20000 |
| 眩光 | 一般 | 严重 | 一般 | 严重 | | 严重 | | 严重 | 一般 | 一般 | 无 |
| 频闪效应 | 不明显 | 不明显 | 明显 | 明显 | 明显 | 明显 | | 明显 | 无 | 无 | 无 |
| 功率因数 | 1 | 1 | 0.4~0.5 | 04~0.6 | 09 | 0.44 | | 0.4~0.9 | 0.95 | >0.9 | >0.95 |
| 启动稳定时间 | 瞬时 | 瞬间 | 1~3min | 4~8min | | 4~8min | | 4~8min | 瞬时 | 瞬时 | 瞬时 |
| 再启动 | 瞬时 | 瞬间 | 瞬间 | 5~10min | | 10~20min | | 5~15min | 瞬间 | 瞬时 | 8min |

## 第四节　光的颜色

光似乎有时候是无形的，有时候又是多变的，有着不同的形态、不同的介质、不同的颜色。

在光环境设计实践中，照明光源的颜色质量常分为以下两类。

（1）光源色——光源照射到白色光滑不透明物体上所呈现出的颜色。

（2）体色——光被物体反射或射透后的颜色。

光源色表与显色性都取决于光辐射的光谱组成，人们不可能从一个灯的色表得出有关它的显色性的任何判断。“材料是消耗了的光”：材料反射和吸收的光谱范围和比例各有不同，不同实体材料之所以呈现出不同的色彩、肌理和造型，是因为它们各自“消耗”不同的光。

图1–23　全反射

在照明应用领域，常用色温定量光源的色表。当一个光源的颜色与完全辐射体（黑色）在某一温度发出的光色相同时，完全辐射体的温度就叫作此光源的色温，用符号T表示，单位是K（绝对温度）。色温在3000K以下时，光色偏红。例如，白炽灯给人一种温暖的感觉。色温超过5000K时，颜色偏蓝，比如荧光灯给人以清冷的感受（见表1–4）。

特定的光照条件是决定物体色彩的首要因素。光

表1–4　天然和人工光源的色温

| 光源 | 色温或相关色温/K | 光源 | 色温或相关色温/K |
|---|---|---|---|
| 蜡烛 | 1900～1950 | 月光 | 4100 |
| 高压钠灯 | 2000 | 日光 | 5300～5800 |
| 40W白炽灯 | 2700 | 昼光（日光+晴天天空） | 5800～6500 |
| 150～500W白炽灯 | 2800～2900 | 全阴天空 | 6400～6900 |
| 荧光灯 | 3000～7500 | 晴天蓝色天空 | 10000～26000 |

表1–5　光谱颜色波长及范围

| 颜色感觉 | 中心波长/nm | 范围/nm | 颜色感觉 | 中心波长/nm | 范围/nm |
|---|---|---|---|---|---|
| 红 | 740 | 640～750 | 绿 | 510 | 480～550 |
| 橙 | 620 | 600～640 | 蓝 | 470 | 450～480 |
| 黄 | 580 | 550～600 | 紫 | 420 | 400～450 |

线照在物体上可以分解为三部分。一部分被吸收，一部分被反射，还有一部分可以透射到物体的另一侧。正因为如此，才显示出千变万化的色彩。太阳发出的白光，正常的人可以感觉出红、橙、黄、绿、蓝色和紫色（表1−5）。还可以在两个相邻颜色的过渡区域内看到中间色。因此，世间万物才能丰富多彩（图1−24）。

图1−24

## 第五节　光影对室内环境的影响

在设计的创意与实施中，光线是比较难以捉摸的设计因素之一。营造一所房间的气氛，特别是在夜晚，可以通过正确的用光设计来实现。

当考虑一个环境的普通照明时，应以产生暖色作为选择光源的原则，它能加强装修表面和家具色彩，也能美化人的肤色，当你想塑造出一个让居住者满意的空间时，牢记色彩再现的原理是很重要的。

为工作、阅读或者大型游戏提供的照明可以采用工作照明（即为特殊活动提供附加照明）。工作照明可以通过使用台灯、槽灯或轨道灯来实现，光线通过电线与调光开关相连，可以调节出不同亮度。

当夜幕徐徐降临的时候，华灯初上，万家灯火，是人们在繁忙工作之后希望得到休息娱乐以消除疲劳的温馨时刻。在这种情境中，无论何处都离不开光这位魔法师，用光影的艺术魅力来充实和丰富生活。无论是公共场所，还是个人家庭，光的作用影响到每一个人，室内的光影设计就是利用光的一切特性，去创造所需要的光的环境，并充分发挥其视觉表现的艺术作用。光影的作用主要表现在以下三个方面。

### 1.界定空间

在室内设计中，界定空间的方法多种多样，运用不同种类、不同效果的光照方式，使其在不同的区域中有一定的独立性，从而达到勾画虚拟空间的目的（图1−25）。

图1−25

### 2.创造气氛

光的亮度和色彩是决定气氛的主要因素。我们知道光的刺激能影响人的情绪。一般来说，亮的房间比暗的房间更为刺激，但是这种刺激必须和空间所应具有的气氛相适应。极度的光和噪声一样都是对环境的一种破坏。据有关调查资料表明，荧屏和歌舞厅中不断闪烁的光线使体内维生素A遭到破坏，导致视力下降。

适度愉悦的光能激发和鼓舞人心，光的亮度也会对人的心理产生影响。而柔弱的光令人轻松且心旷神怡。例如安藤忠雄设计的光之教堂就是利用光影制造了神秘、严肃的氛围。

室内的气氛也由于不同的光色而变化。许多餐厅、咖啡馆和娱乐场所常加重暖色，例如粉红色、浅紫色等，使整个空间具有温暖、欢乐、活跃的体验感受。暖色光之教堂光使人的皮肤、面容显得更健康、美丽动人。由于光色的加强，光的亮度相应减弱，使空间感觉亲切。家庭的卧室也常常因采用暖色光而显得更加温暖和睦。冷色光也有许多用处，特别在夏季，青、绿色的光就使人们感觉凉爽。强烈的多彩光照，如霓虹灯、各色聚光灯，可以把室内的气氛活跃生动起来，增加繁华热闹的节日气氛。

其实，光色的选择和设计不必有一定之规，而是要根据不同气候、环境和建筑的性格要求来选择和确定和谐相融的最佳光色。（图1–26）

图1–26

### 3.加强空间感和立体感

空间的不同效果可以通过光的作用充分表现出来。实验证明，室内空间的开敞性与光的亮度成正比，亮的房间感觉要大一点，暗的房间感觉要小一点，充满房间的无形的漫射光也使空间有无限的感觉，而直接光能加强物体的阴影，光影能加强空间的立体感。

我们可以利用光的作用来加强希望注意的核心空间，如趣味中心；也可以用来削弱不希望被注意的次要空间，从而进一步使空间的规划和设计得到完善和净化。许多商店为了突出新产品，在那里用亮度较高的重点照明，而相应地削弱次要的部位，获得良好的艺术效果。

光影可以使空间变得实和虚，许多台阶照明及家具的底部照明使物体和地面“脱离”，形成悬浮的效果，而使空间显得空透轻盈。总之，光给予室内空间以活力，没有光的概念，空间会变得毫无生气。光的强弱虚实会改变空间的比例感，并且会影响人的心理。明亮的光线会使空间开阔，显得轻松。而低照度的光线会使空间产生压缩。同时，纵向排列的灯光使室内空间有深远感，而横向排列的灯光可以打破空间狭长感觉。另外，通过光线，也可以对空间进行自然分割，实现不同的功能区域。

光是摸不到、看不见的，你无法言说光的模样，可光又是时时处处都存在的，依附于万物，照亮着万物。人类与光的关系，就如同人类和整个大自然的关系，我们必须学会感知光、敬畏光、利用光，用光来让这个世界变得更加美好。

量器材，也叫作勒克斯计，是测量照度强弱的仪表。近来的照度计大多是数字显示的，使用照度计测量照度，大多是在地板或桌子的水平面上进行测量。因此，要得到有效的基准亮度，最好能有从天花板到地板或桌面的直接照射光线。其实，要想提高空间亮度感，还要以生活中很多我们眼睛所能看到的地方去考虑。例如，对天花板高且狭窄的空间，就需要积极、主动地从立面墙壁上考虑怎样添加照明等，并进一步考虑相应的必要的照明灯具，最大限度地减少眩光，以达到优雅的光环境（见表2–1）。

表2–1　主要空间的照度标准值（北美照明学会提供）

最重要　重要　比较重要

| 场所 | | | 水平面照度/lx | 垂直面照度/lx |
|---|---|---|---|---|
| 写字间 | 档案室 | | 500 | 100 |
| | 事务所单间 | | 300 | 50 |
| | | | 500 | 50 |
| | 会议室 | | 300 | 50 |
| | | | 500 | 300 |
| | 大厅、休息室、传达室 | | 100 | 30 |
| | 设计 | | 100 | 30 |
| | | | 300 | 30 |
| 住宅 | 整体照明 | | 50 | — |
| | 聊天、聚会、娱乐 | | 30 | 30 |
| | 通道 | | 30 | 30 |
| | 餐室 | | 50 | — |
| | 洗漱间 | | 300 | 50 |
| | 厨房 | 整体 | 300 | 50 |
| | | 微波炉 | 500 | 100 |
| | | 污水池 | 500 | 100 |
| | 书房 | | 300 | 50 |
| 机场 | 候机室 | | 50 | 30 |
| | 中央大厅 | | 30 | 30 |
| | 搭乘口 | | 50 | 50 |
| 餐厅 | | 食堂 | 100 | 30 |
| | | 货样玻璃箱 | 500 | — |
| | | 小展室 | 500 | 100 |
| | | 厨房 | 500 | 30 |
| 医院 | 通道 | 护士室（白天） | 100 | 30 |
| | | 护士室（夜晚） | 50 | 30 |
| | | 手术室 | 500 | 30 |
| | | 分娩室 | 500 | 30 |
| | | 恢复室 | 500 | 30 |
| | | 治疗室 | 500 | 30 |
| | | 医疗室 | 500 | 30 |
| | 治疗室 | 一般 | 50 | 30 |
| | | 外科治疗 | — | — |
| | 候诊大厅 | | 50 | 30 |

续表

| 场所 | | | 水平面照度/lx | 垂直面照度/lx |
|---|---|---|---|---|
| 宾馆 | 客房 | 整体照明 | 100 | — |
| | | 读书与工作 | 300 | — |
| | 走廊 | 整体照明 | 100 | — |
| | | 读书和工作空间 | 300 | — |
| | | 入口 | 30 | — |
| 商店（档口） | 试衣间 | | 300 | 30 |
| | 一般商品陈列 | | 500 | 100 |
| | 重点陈列 | | 1000 | 300 |
| | 橱窗 | | 3000～1000 | 500 |
| | 步行商店区 | 中央广场 | 300 | 50 |
| | | 食品商店 | 300 | 30 |
| | | 休闲、娱乐广场 | 500 | 100 |
| 美术馆 | 垂直面展室 | | — | 300 |
| | 展示棚 | | 300 | 50 |
| | 走廊 | | 100 | 30 |
| | 三维物体 | | 300 | 50 |
| | 写实的环境艺术 | | 300 | 50 |
| | 大厅 | | 100 | 30 |
| | 一般展示 | | 100 | 30 |

照度的单位勒克斯是相对较小的，在1lx的照度下仅能大致识别出周围的物体，要区别细小零件的工作几乎是不可完成的。明朗的满月夜室外地面照度约为0.2lx，晴天室外太阳散射光下的地面照度约为1000lx；晴天中午太阳直射下地面的照度可到80000～120000lx，阴天中午的室外照度也有大约20000lx；街道照明约10lx，在40W白炽灯下1米处的照度约为30lx（见表2-2）。

表2-2　我国《建筑照明设计标准》（GB50034-2004）对居住建筑照明工作面的照度要求

| 场所或房间 | | 参考平面及高度 | 照度标准值/lx |
|---|---|---|---|
| 起居室 | 一般活动 | 0.75m水平面 | 100 |
| | 书写、阅读 | | 300 |
| 卧室 | 一般活动 | 0.75m水平面 | 75 |
| | 书写、阅读 | | 150 |
| 餐厅 | | 0.75m餐桌 | 150 |
| 厨房 | | 0.80m台面 | 150 |
| 卫生间 | | 0.75m水平面 | 100 |

无论从视觉功效还是从人的舒适度上考虑选择的理想照度，最终都要受限于经济发展水平，特别是能源供应等客观的物质前提。因此，实际应用照度标准都是折中的标准。我们通常以假想的水平工作面照度作为设计标准，对于站立的工作人员水平面距地面0.90m，对于坐着的人是0.75m或0.80m（图2-3）。

图2—3

## 第二节　光的亮度

由于照度并不能直接表达人眼对物体的视觉感受，于是人们又引入“亮度”的概念。亮度是描述发光面或反光面上光的明亮程度的光度量，亮度是表征发光面的不同方向上的光学特征的物理量，亮度具有明确的方向特征（图2—4）。

图2—4

照明环境不但应清楚直接地传递视觉影像，而且要给人以舒适的感觉，所以在整个视域内（空间内）各个表面有合适的亮度分布是有必要的。在视力工作较为紧张和持久的场所，更需要舒适的照明环境。要创造一个良好的、使人感到舒适的照明环境，就需要亮度分布合理，室内各个面的反射率选择适当照度的分配，也应与之相配合。视野内有合适的亮度分布是舒适视觉的必备前提。不均匀的过大照度会造成不舒适的感觉。然而，亮度过于均匀也是不必要的。适度的亮度变化能使室内不过于单调和充满愉快的气氛。如会议室桌子周围比桌面亮度高3～5倍时，便可造成工作处有中心感的效果等。

由于人眼在不断适应亮度变化的过程中会引起疲劳和不适。室内各表面的亮度可以参看亮度比推荐值（见表2—3）。

推荐的亮度分布能保证有效地进行观察而不会感到明显的不舒适（见表2—3）。如果房间的照度水平不高。例如，不超过150lx时，视野内的亮度差别对视觉工作的影响则相对较小（图2—5、图2—6）。

在工作空间，作业近邻环境的亮度应当尽可能低于作业本身亮度，但最好不低于作业亮度的1/3。在周

表2-3　亮度比推荐值

| 室内表面 | 推荐值 | 室内表面 | 推荐值 |
| --- | --- | --- | --- |
| 观察对象与工作面之间 | 3：1 | 光源（照明器）与背景（环境）之间 | 20：1 |
| 观察对象与周围环境之间 | 10：1 | 视野内最大的亮度差 | 40：1 |

表2-4　亮度比最大值（美国IES）

| 工作室 | 办公室 | 车间 |
| --- | --- | --- |
| 工作对象与其相邻近的周围之间（如书或机器与周围） | 3：1 | 3：1 |
| 工作对象与其离开比较远处之间（如书与地面，机器与墙） | 5：1 | 10：1 |
| 照明器或窗与其附近周围之间，在视野中的任何位置 | 20：1 | 40：1 |

图2-5

图2-6

围视野（包括顶棚、墙、窗子等）的平均亮度，应尽可能不低于作业亮度的1/10。室内亮度比最大值见表2-4。

室内各表面的装修及设备的反射率对照明效果影响很大，并且照度的分配也要与各个表面相配合。表2-5为美国IES推荐的室内反射系数值。表2-6是英国IES推荐的室内各表面反射系数和照度分配相对值。可供设计参考。

非工作空间，特别是装修水准高的公共空间大厅的亮度分布，往往根据建筑空间创作的意图来决定亮度。但是，共同点是突出空间或结构的特征，渲染特定的气氛或强调某种室内装饰效果（图2-7）。

图2-7

表2-5　室内反射系数推荐值（美国IES）

| 室内表面 | 反射系数 |
| --- | --- |
| 天棚 | 80（80～90） |
| 墙壁 | 50（40～60） |
| 桌子、工作台、机械 | 35（25～45） |
| 地板 | 30（20～40） |

表2-6　室内各表面反射系数和照度分配推荐相对值（英国IES）

| 室内表面 | 反射系数 | 照度相对值 |
| --- | --- | --- |
| 天棚 | 最小0.6 | 0.3～0.9 |
| 墙壁 | 0.3～0.8 | 0.5～0.8 |
| 地板 | 0.2～0.4 | 1 |
| 工作面 | — | 1 |

## 第三节　光度的测量

环境的亮度应该是在实际工作条件下进行。将工作地点作为测量的位置，从这个位置测量各表面的亮度。亮度计放置的高度以观察者的眼睛高度为准，通常站立时为1.5m，坐下时为1.2m。需要测量亮度的表面是人眼经常注视，并对室内亮度分布和人的视觉影响大的表面。

常见的光度测量仪器分别是照度计、亮度计、光通量计和光强计。

（1）照度计（图2-8）

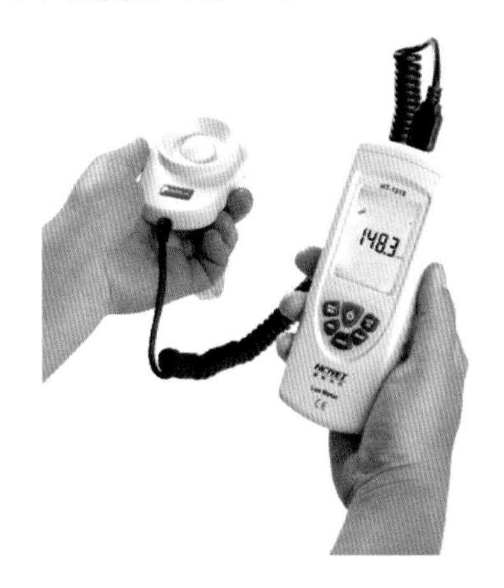


图2-8

照度计是用来测量落在某物体表面的可见光能量的仪器。一般采用光检测器和微安表构成的照度计。实际应用的照度计根据其所采用的光检测器形式主要分为光电池式、光电管式、光电倍增管式三种。

测量时，应事前检查灯具及光源是否完好无损。电源电压应力求稳定。气体放电灯宜燃20～30分钟后，待光通量输出稳定时进行测量。

（2）光通量计（图2-9）

图2-9

光通量计测量可以得到光源发射的所有可见光的能量。通过积分球，将光源发射的能量汇聚到传感器上，以方便测量。用球形光度计测量光源光通量的原理是球内壁上反射光通量所形成的附加照度与光源光通量成正比。因此，测量球壁的附加照度值就可以得出被测光源所发出的光通量。

（3）亮度计（图2—10）

亮度计用来测量光源发射出的可见光谱段能量。因亮度是有方向性的，在测量时，必须要明确测量角、测量区域和对于光线的测量几何结构。

图2—10

图2－11为测量亮度的原理图。为S测量表面的亮度，在距S前d位置处设置一个光屏Q。光屏上有一透镜（透射系数为i），其面积是A，在光屏的右方设置照度计的测量器m，m与透镜的法线垂直，在I的尺寸比A大得多的情况下，照度计检测器m上的照度等于记得到亮度值为常用的是手持式高度精度亮度计，手持枪式设计能使人牢固握紧仪器，以保证准确对准目标，实现精确对焦。

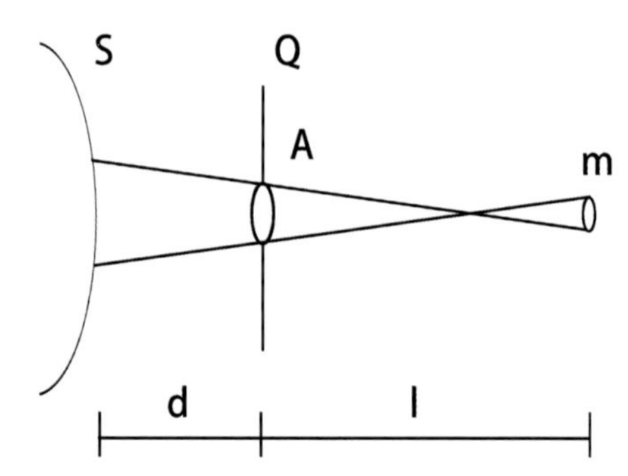


图2—11　测量区域和对于光线的测量几何结构

（4）光强计（图2—12）

由于光源很少是呈空间均匀发射的，所以在测量光强时，必须要考虑测量什么方向的光强和测量各个立体角光强的问题。光强的测量主要应用直尺光度计进行。它的原理是利用所有光度镜头，对标准光源的已知光强和被测光强进行视测量，方便被测光强的投射距离，当在光度镜头上看到的亮度相等时，就可以根据距离比和仪器常数求出被测光强。

图2—12

## 第四节　采光标准

采光设计标准是评价天然光环境质量的准则，也是建筑采光设计的依据。我国于2001年11月1日起施行的《建筑采光设计标准》（GB/T50033—2001）是建筑天然采光设计的主要依据，其主要内容及其采光标准如下。

### 1.采光系数

采光设计的光源应以全阴天天空的漫射光作为标准。由于外空照度是经常发生变化的，它必然使得天空内的照度也发生相应的变化，因此不能用照度的绝对值来规定采光数量，而是采用相对照度值来作为采光标准，该照度相对值为采光系数（C）。它是由在全阴天天空漫射光照下，室内给定平面上的某一点由天空漫射光所产生的照度En与同一时间、同一地点、在室外无遮挡水平面上由天空漫光所产生的室外照度Ey之比，即C=利用采光系数，可以依据室内要求照度换算出所需的室外照度，也可以依据室外某时刻的照度值求出当时室内任一点的照度。

### 2.采光系数标准值

不同情况视觉对象要求不同的照度，而照度在一定范围内越高越好。换言之，照度越高，工作效率越高。但是，高照度意味着大投资，所以，必须在考虑视觉工作需要的同时，还要兼顾经济可能性和技术合理性。

采光标准综合考虑视觉实验结果，经过对已建成建筑采光现状进行的先进的现场调查、采光口的经济分析，我国光气候特征和国民经济发展等因素的分析，将视觉工作分为I～V级，并提出各级视觉工作要求的天然光照度最低值为250lx、150lx、100lx、50lx、25lx。把室内天然光照度对应采光标准规定的室外照度值称为“临济照度”，用Ey表示。也就是需要采用人工照明时的室外照度极限值。Ey的确定将影响开窗面积大小、人工照明使用时间等，经过不同临界照度值对各种费用的综合比较，考虑到开窗的可能性，采光标准规定我国Ⅲ类光气候区的临界照度值为5000lx。确定这一值后就可将室内天然光照度换算成采光系数。

由于不同的采光类型在室内形成不同的光分布，故采光标准按采光类型分别提出不同要求，顶部采光时，室内照度分布均匀，采用采光系数平均值。侧面采光时，室内光线变化大。

当我们可以实现对光的量化，对光的规律的了解时，那么我们就可以掀开光的奇妙的面纱，把光作为魔术师，为我们眼中的世界披上各种绚丽美好的色彩，用光为我们的现实生活、内心感受营造出全新的氛围、情怀和味道。

# 第二章 绿色照明概念的起源

— 本章重点 >>

1.绿色照明的背景。

2.绿色照明计划的发展状况。

3.绿色照明计划在发达国家的实施状况。

4.中国绿色照明计划的实施状况。

5.中国绿色照明工程主要内容。

6.绿色照明事业的未来愿景。

— 学习目标 >>

准确掌握绿色照明的概念，了解国内外近二十年来，绿色照明事业的历史发展与丰硕成果，展望绿色照明的美好前景。

— 建议学时 >>

2学时。

# 第三章　绿色照明概念的起源

照明的重要来源是电能，电能需要消耗大量的资源。绿色照明的概念提出和事业发展，为节约能源、保护环境，实现绿色、洁净、健康、可持续的照明指明了未来的方向。

## 第一节　绿色照明的背景

1991年1月，美国环保局（EPA）首先提出实施绿色照明（Green Lights）和推进绿色照明工程（Green Lights Program）的概念（图3-1）。

图3-1

绿色照明是指通过科学的照明设计，采用高效率、长寿命、安全性能更稳定的照明电器。产品包括电光源、灯用电器附件、灯具、配线器材以及调光控制设备和控光器件。最终达到高效、舒适、安全、经济、有益环境和改善人们工作、学习、生活的条件和质量，以及有益人们身心健康并体现现代文明的照明系统，是一项旨在节约能源，保护环境，在各种照明场所实现绿色照明的系统工程（图3-2）。

绿色照明产生于充满蓬勃希望的世纪之交，是20世纪90年代初国际上对采用节约电能、保护环境照明系统的形象性说法。

图3-2

1991年，苏联解体，标志着冷战的结束，世界由东西对抗转向了发展人类命运共同体的新格局。绿色环保、可持续发展已经在全球议题中从无足轻重的位置变成了核心议题之一。

人类的第三次科技革命取得了巨大的成果，第三次浪潮激荡着人们的思想观念，改变着人类社会的生活；第四次科技革命的曙光也已经渐露端倪，这就为绿色环保产业的兴起提供了巨大的技术支撑。

随着社会文明的巨大进步，关注生态环境、关心资源消耗，实现可持续的和谐发展模式，已经成为人类社会的主流共识。绿色环保事业已经从原有的所谓社会的奢侈品转变为必需品，甚至是产业驱动力，获得了社会公众的大力支持。

## 第二节　绿色照明计划的发展状况

当我们系统、深入、完整地了解绿色照明的内涵，我们会发现，其中包含高效节能、环保、安全、舒适。四项指标是缺一不可的（图3-3）。高效节能意味着以消耗较少的电能获得足够的照明，增加单位电能产生的照明能量，由此来极大地减少电厂大气污染物的排放，实现环保目标。在这里谈到的安全是指光照的自然健康特质，避免产生紫外线、眩光等有害

图3—3

光照，产生光污染；而所谓舒适指的是光照效果的清晰，光照感受的柔和，让人们处于舒心、适宜的光照环境，实现对身体、情绪的愉悦光照体验。

毫无疑问，绿色照明对于人类社会实现可持续发展，具有深远重要的内涵与意义（图3—4）。

节能减排、保护环境已成为全人类必须严肃面对的严峻挑战与发展命题。统计表明，照明用电占全社会总用电量高达12%，巨大用电量的生产需要消耗大量的能源，造成不可再生资源的巨大损耗。同时，由此排放出的大量$CO_2$温室气体和$H_2S$等有害气体，更是对生态环境造成了难以弥补的伤害。

所以，以“节约能源、保护环境，有益于提高人们生产、工作、学习效率和生活质量，保护身心健康”为宗旨的绿色照明不仅具有崇高的环保道德价值，更是一项蕴含了庞大经济潜力的未来型绿色大产业。

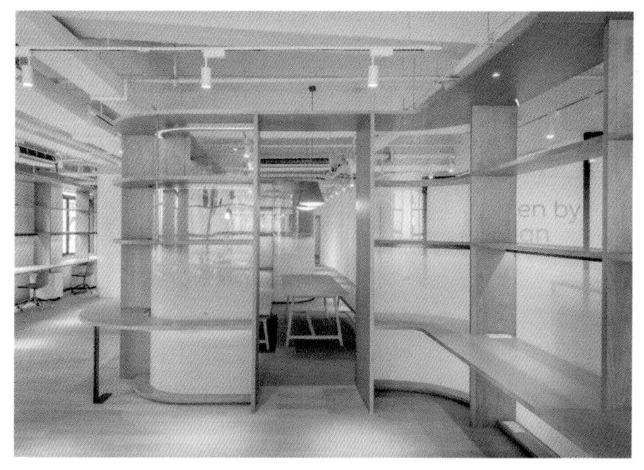

图3—4

## 第三节　绿色照明计划在发达国家的实施状况

美国早在20世纪80年代就已启动研究节约电力、减少大气污染的绿色照明计划。

1991年1月，美国环保局（EPA）提出实施“绿色照明（Green Lights）”以及推进“绿色照明工程（Green Lights Program）”的概念，此项目是由社会和私人团体自愿参加的环境保护计划，采取由美国环保局和合作伙伴签订理解备忘录的形式。参与的合作伙伴在备忘录中承诺，在5年内将90%的照明设备更新为节能产品。而美国环保局则为合作伙伴提供信息资源和获取公众宣传方面的支持。

1992年，出生于二战后的比尔·克林顿当选为美国总统、阿尔戈尔当选为副总统。作为新一代政治人物的代表，阿尔戈尔是美国著名的环保人士，在担任国会参议员期间，他大力推动科技事业、环保事业的发展，并给予了极大的关注和支持。1991年，阿尔戈尔出版了著名的环保著作《平衡中的地球》，指出了地球环境所面临的严峻威胁，提出寻找减少能源消耗、改善地球生态环境的绿色产业发展道路。

1993年，在阿尔戈尔的强力推动之下，克林顿政府将绿色环保、生态节能产业的战略规划提上了美国的首要国家议事日程。关注绿色节能产业及发展环保事业成为重要的国家政策。绿色照明工程的发展迎来了前所未有的巨大生机与活力。

美国“绿色照明”计划经过十几年的推广实施，在节能环保领域的效果明显、收益巨大。根据美国环保局发布的数据，截至1997年，美国绿色照明计划已实现照明节电70亿千瓦时，2000年节电达到300亿千瓦时。今天，美国的“绿色照明计划”已不再是一个独立的高效环保计划，它已逐步并入美国更大规模的“能源之星”建筑节能计划当中，在可预见的未来，会获取更为丰硕的产业价值和可持续发展前景。

美国绿色照明计划在当年一提出，立即得到联合国的支持和许多发达国家及发展中国家的重视，纷纷提出符合自身国情的政策行动与技术举措，共同推进绿色照明工程在全球范围的实施和发展。

欧洲“绿色照明计划”在2000年2月7日由欧盟委员会正式发起，由欧盟委员会联合欧盟成员国能源主管部门共同组织。该计划是一个自愿性环境保护计划，旨在进一步推进高效照明技术在商用建筑中的大规模运用。

欧盟“绿色照明计划”与“美国绿色照明计划”的主要区别在于组织形式上的不同，因为欧盟不同于美国环保局，计划组织的对象不是一个国家，而是所有欧盟国家，它需要协同欧盟各国的能源或有关机构来共同组织计划在各国的实施（图3-5）。

此外，国际上其他比较重要的国家及国际组织的“绿色照明计划”有：

（1）日本“绿色照明计划”；

（2）俄罗斯“绿色照明计划”；

（3）世界银行/全球环境基金组织（GEF）墨西哥高效照明项目；

（4）全球环境基金组织（GEF）/国际金融组织（IFC）波兰。

历经将近二十年的发展推动，今天，绿色照明在欧美许多发达国家都取得了成功，在节能、环保与科技进步等领域更是效果显著。照明的质量和水平已成为衡量社会现代化程度的一个重要标志，成为人类社会可持续发展的一项重要措施，受到联合国等国际组织机构的关注。

各国的主要经验基于市场经济规律建立了长效的运作机制，主要表现在认证机制、激励机制和宣传机制等几个方面。

（1）认证机制。美国、欧盟、日本等采用的节能认证机制以自愿为原则，在实施过程中，大量厂商积极参与。这是因为其认证是公认的节能和环保标志。绿色照明和能源之星等得到社会普遍认可，厂商都以自己产品有这些标志作为体现产品品质和企业责任感的标志。

（2）激励机制。欧盟的绿色照明计划对参与方进行多种激励。对公共和私人机构，官方给予荣誉和信息与技术的支持，一定情况下还由能源服务公司提供资金支持。官方对绿色照明推广者也会给予公开赞誉。从资金到技术，从参与者到推广者，欧盟绿色照明计划提供了全方位的激励和支持。

（3）宣传机制。绿色照明和节能环保的观念需要广泛宣传才能深入人心，发达国家为此做了大量工作。如日本按年度举行节能和环保展览，通过报刊、海报等进行宣传，利用网络宣传能源之星标志和有关产品。

图3-5

## 第四节　中国绿色照明计划的实施状况

我国是耗电大国，其中照明用电已占全国电力消费总量的12%以上，并以平均每年15%的速度递增。据1996年国家统计资料表明，电光源总产量为45亿支，而节能型的光源只占其中的10%。这一结构比例与同期的先进发达国家差距很大，一方面说明我国在绿色照明领域亟待提升和优化，另一方面也体现了高效节能灯的巨大潜力与前景。以2007年国内城市道路照明为例，如果我国城市道路照明光源的1/3更换为高效节能的照明产品，其节约的用电量相当于一个三峡工程的发电量。

在这样的全球背景以及国内能源领域现实的双重推动下，一向十分重视节约能源的中国政府，在照明领域的节能问题上展开了大量工作。1993年，国家经贸委开始把照明节能提到了能源、环境与经济协调发展的战略高度，放在资源节约工作的优先位置。1993年11月，我国国家经贸委开始启动中国绿色照明工程，1994年开始组织制订中国绿色照明工程计划，并于1996年正式制定了《中国绿色照明工程实施方案》，列入国家计划，组织试点和实施。

1996年10月，1997年10月，1998年10月，结合当年的全国节能宣传周，由国家经贸委资源节约综合利用司主办，中国照明学会等单位协办，连续举行了三届中国绿色照明国际研讨会，在会上进行了深入的技术交流和广泛宣传，对于绿色照明工程的开展起到了重要的推动作用。

实施绿色照明的宗旨，是要在中国发展和推广高效照明器具，节约照明用电，建立优质高效、经济、舒适、安全可靠、有益环境和改善人们生活质量，提高工作效率，保护人民身心健康的照明环境，以满足国民经济各部门和人民群众日益增长的对照明质量、照明环境的更高要求和减少环境污染的需要。

根据“中国照明绿色工程”计划预计，“九五”期间，在全国推广紧凑型荧光灯、电子节能灯3亿支以及其他高效照明器具，形成终端节电220亿千瓦时的年节电能力，削减电网峰荷720万千瓦，相当于少建980万千瓦装机容量的电站。可节约电力建设资金490亿～630亿元，扣除节电投入，可获得300亿～400亿元净效益。

## 第五节　中国绿色照明工程主要内容

“中国绿色照明工程促进项目”在整个“十五”期间实施。为支持项目实施，全球环境基金（GEF）为项目提供赠款813.5万美元；中国政府、照明电器行业及有关项目承担单位提供了相应的配套资金。这一项目由国家经贸委资源节能与综合利用司负责组织实施，并成立了国家经贸委/UNDP/GEF中国绿色照明工程促进项目办公室负责项目具体实施工作（图3-6）。中国绿色照明工程促进项目的主要目标包括：

（1）消除高效照明产品推广的主要市场障碍；

（2）提高公众节能环保意识，使消费者更多地了解高效节能照明系统的益处；

（3）推进照明节电，到2010年实现照明节电10%的目标；

（4）通过推进绿色照明减少温室气体的排放；

（5）提高高效照明产品质量，扩大其市场份额；

（6）增加优质高效照明产品生产能力，扩大出口量，促进中国经济的进一步发展；

（7）制订新的目标和计划，促进绿色照明事业在中国可持续发展。

进入“十一五”之后，“绿色照明工程”的推进重点在公用设施、宾馆、商厦、写字楼、体育场馆、居民住宅中推广高效节电照明系统。

绿色照明工程要求人们不要局限于节能这一认识，要提高到节约能源、保护环境的高度，这样影响更广泛，更深远。绿色照明工程不只是个经济效益问题，更是一项着眼于资源利用和环境保护的重大课题。通过照明节电减少发电量，进而降低燃煤量（中国70%以上的发电量还是依赖燃煤获得），减少二氧化硫、氮氧化物等有害气体以及二氧化碳等温室气体的排放，促进以提高照明质量、节能降耗、保护环境为目的的照明电器新型产业的发展。

近年来，太阳能光伏技术得到突飞猛进的发展，技术利用电池组件将太阳能直接转化为电能，特别适用于太阳辐射强度大的高纬度地区。太阳能技术的发展为真正的绿色照明确立了明确的方向，中国的太阳

图3—6

能光伏行业已经走在了世界前列，一系列中国的太阳能光伏企业走向了全球，成为行业内的巨头企业，引领着行业的发展方向与未来。

## 第六节　绿色照明事业的未来愿景

自人类开始掌握自然资源为自己的社会发展提供能量以来，人类文明和自然资源之间的关系就是单向的、纯粹的消耗与被消耗的关系。千百年的树木被砍伐后留下一片荒山，千万年形成的煤炭燃烧后成了灰烬，亿万年形成的石油消耗后污染了环境，这些宝贵的资源都是不可再生的资源，都是人类对自然的掠夺（图3—7）。

图3—7

绿色能源倡导提出的可再生、可持续利用、可循环发展的能源规划，改变了这种局面。利用人类的科学技术，寻找并开发出可以实现人类发展与生态保护双重目标的绿色能源科技，这是一项事关人类未来的朝阳产业，这是一项关乎地球未来的崇高事业。

绿色照明事业的产生和发展来自于绿色能源的时代大背景之下，也必然会对这一时代趋势起到重要的推动作用。

绿色照明事业把对能源的消耗降到尽可能的最低限度，通过最低的能源消耗比，实现最大限度的照明功能（图3—8）。

图3—8

绿色照明事业的便捷与高效，可以让更多的地区、更多的人在黑夜享受到光明，灯光照亮的不仅是黑暗，还有人们的内心。

绿色照明事业让设计师不仅要关心设计的专业领域，更要承担起更多的社会责任，不再是能源的消费者，而是成为生态资源保护的重要参与者。

绿色照明事业可以为人类的社会持续发展提供重要的依托，为绿色能源事业指明其中的一个重要方向。这是得到世界各国政府、社会日益重视，是有着广阔的市场前景与社会效益的未来事业（图3–9）。

当我们谈到绿色照明对于绿色能源、保护生态的联系与重要性时，许多人缺乏直观的形象体验。可这是一项与我们每一位设计师都息息相关的重要事业。如果我们想要今天的繁荣可以持续到未来，想要这个美丽的星球继续这样美丽，想要我们的子孙后代可以继续这美好的生活。那么就必须从此时此地做起，从眼前的这一盏灯做起，从我们自己做起（图3–10）。

图3–9

图3–10

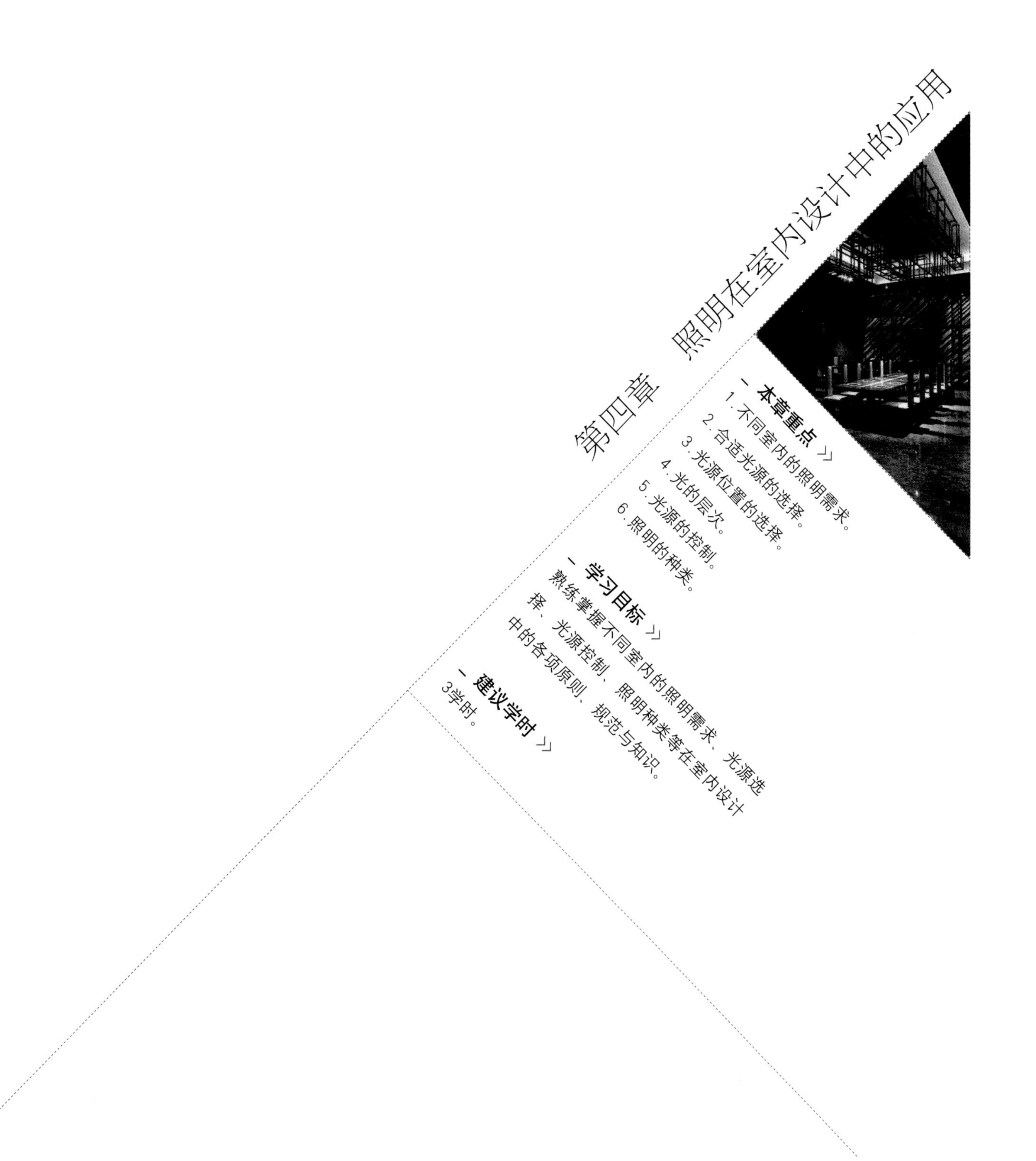

# 第四章　照明在室内设计中的应用

**本章重点** >>

1. 不同室内的照明需求。
2. 合适光源的选择。
3. 光源位置的选择。
4. 光的层次。
5. 光源的控制。
6. 照明的种类。

**学习目标** >>

熟练掌握不同室内的照明需求、光源选择、光源控制、照明种类等在室内设计中的各项原则、规范与知识。

**建议学时** >>

3学时。

# 第四章　照明在室内设计中的应用

人类自原始社会开始，就学会了利用自然光源（人工取火以后利用火的光亮）改变洞穴内的空间环境与感受。在进入近代以后，尤其是电光源的广泛利用之后，照明设计成为建筑设计和室内设计的重要组成部分。今天的照明设计，已经在室内设计中形成了独立的设计体系，成为具有极强的视觉强化与表现力的设计内容。

## 第一节　灯光室内设计的程序

室内照明设计经常被建筑师或室内设计师代劳，最多也不过是在技术环节上与技术人员咨询。建筑师或设计师在进行照明设计时，往往直接套用实体元素造型方法，只注重灯具实体造型的构成。如在天花顶棚上把灯具进行对称或规则的排列，形成一个图案，使光的设计成为实体形式设计的延伸和附属，而没有体现出光作为构成空间之重要元素的主动性的延伸和附属。这种以实体造型的思维模式为着眼点的照明设计，不但不能满足照明质量的需求（例如亮度、照度、眩光、视觉舒适性等），更无法营造视觉空间的精神境界，并且造成能源的浪费，也误导了灯具的发展。最重要的是，一旦违反了光的自然规律，不仅会影响到这个空间内的光线布局，更会对人们的身体与心理造成光污染，形成消极的后果。

人们对灯具的理解存在着类似的误区。人们关心的是灯具的造型、材料等这样一些实体元素，在这一问题上，建筑师或室内设计师与普通老百姓的区别，也许仅在于灯具式样的雅致品位上，或者灯具形式能否与室内设计相匹配。光的特点是随着被照表面的位置以及被照表面的材质、色彩和造型的不同，呈现出动态的、多维“流体”性质。光本无形，是灯具和被罩的界面共同塑造了光的形式。灯只是一种工具，光才是表现的“主角”，有人总结说照明设计应该是“见光不见灯”。灯具是光的华服，光是内在的精神内涵。

在亮度空间的设计中，光与界面的关系决定了亮度的空间分布结构，亮度的分布结构又极大地影响了人对于空间的主观感受——空间意向。

综上所述，我们可以说亮度空间的设计其实就是对光与界面的空间关系的设计。因为小到灯具，大到整体的光环境，都体现着这种关系的重要作用（图4-1）。

室内照明设计是一门综合的科学，不仅涵盖建筑、生理的领域，而且和艺术密不可分，因此，需要我们具有一定的艺术修养和专业设计水平。当然更重要的是要了解灯具。由于室内照明设计的范围比较广泛，如办公室、工厂、商店等，这些场合对照明的要求也有一定的差异，因此办公室设计方法也千差万别。尽管如此，室内照明设计的基本程序大同小异，

图4-1

万变不离其宗，一般照明程序分为四个阶段。

第一阶段是听取业主或甲方的要求，并与相关人员如室内设计师、建筑师或电气设计师等相关人员进行商讨，充分分析此照明设计方案会有哪些因素影响其照明效果。这些因素包括被照明场合的功能，受照空间的大小、室内家具或工厂设备对照明的影响，以及整体的空间结构情况、吊顶方式空间所采用的照明方式、希望形成的照明风格、项目的经费预算情况等。我们称之为照明计划的指导思想立案。

第二阶段是对室内的平均照度、照明的均匀性及作业平面上的照度进行计算分析，检验这些数据是否符合照明标准的要求。必要时还必须对室内的亮度分布、作业面上的对比度及眩光进行计算和检验。

第三阶段是做出基本的设计抉择。首先确定选择主照明还是辅助照明。注重于功能性也就是说一般，而重于装饰性是突出重点照明的物体或商品区品质与质感。主照明一般包括基本照明和局部照明，辅助照明系统主要包括重点照明和效果照明等。

第四阶段是执行阶段，按照设计的内容以标准执行。在现场按照现场条件，入电量负荷，硬装造型效果，以及灯光的实际效果，调整方案，完成整个设计过程。

灯光每个阶段执行的具体内容及注意事项如下。

第一阶段，照度水平是光环境基本数量指标。但是，大量的研究和实践表明，对提高可见度和视觉舒适感来说，达到一定的照度水平以后，照明质量比增加照度更为有效。照明质量需要考虑的是对比显现、眩光周围环境亮度等色表显色性等。

第二阶段，设计步骤。

①确定照度水平、质量指标；

②考虑照明方式和照明设备；

③照明计算经济分析；

④照明布局；

⑤照明装置的细部设计；

⑥基本照明的局部照明；

⑦控制系统、运营时间表的提案；

⑧概略设计预算资料的编制。

第三阶段，通过计算对室内的平均照度，照明的均匀性以及作业平面上的照度进行分析等手段，评定方案是否达到设计标准，决定是否修改方案。应用照明效果模型做详细研究如下。

①照明灯具的最终配灯性能标准的决定；

②设定照度计算书、电容量计算书的编制；

③特殊照明灯具的设计、安装详图的绘制；

④配电设备图（配线图、照明灯具形式图）的批准。

第四阶段，加强照明质量、施工的管理。首先要控制照明负荷。也就是在保证照度标准的前提下，对照时的单位容量（w/m）规定一个限度，是一项带有强制性的政策措施。

①施工现场的照明效果确认；

②生产厂家的照明灯具制造图的承认；

③照明灯具的质量检查；

④在竣工之前对光的最后调整；

⑤照明计划上的竣工数据测定记录。

## 第二节　选择合适的光源

从装饰和观感的意义来说，光源的选择十分重要。人们习惯上有这样一个认识，只有太阳、灯管、灯泡这些自身发光的才叫光源，而实际上明亮的界面也是一种光源。从光学意义上讲，明亮的界面就是光源，因为任何有亮度的材料表面都会发出光照（图4-2～图4-4）。

图4-2

图4-3　直接光源

这是两种不同的光源，前者可称之为直接光源，后者为间接光源。这两种光源对于亮度空间的意义是截然不同的。直接光源在光环境设计中大多存在这样一个矛盾，由于表面亮度标高以至于成为眩光，成为亮度空间中的一个“畸点”，因此直线光源只能提供光照而不能参与组织，从而构成亮度空间。而间接光源本身就具有一种适宜的亮度，是一个柔和的“光亮”，因此可直接成为亮度空间构成的有机组成部分，使光照与亮度统一起来（图4-5）。

图4-5

图4-4　间接光源

案例分析：以下两幅图为某公共空间里的楼梯间内景，楼梯间的设计就应用了“间接光源”，垂直正对着的楼梯的下方，有地面承接时即形成漂亮的光影，并成为充足而舒适的间接照明。优美的曲线设计缓解了一些直线的尴尬，同时也起到引导方向的作用（图4-6、图4-7）。

图4-6

图4-7

把直接光源转化为间接光源，把光照与亮度构成相统一，从而把对光照的设计回归到对亮度空间的设计上来（图4-8、图4-9）。

图4-8

图4-9

另一方面，对于实体，路易斯·康说，“材料是消耗了的光”。我们也可以说：“材料是过滤了的光。”经过透射、反射和吸收，材料把眩光过滤为舒适的亮度，把光束过滤为柔和均匀的散射。我们可以把实体材料设计为光的“过滤器”，通过其肌理、质地、色彩、形式对光进行“消耗”——“过滤”，把无形的光转变为具有韵律、肌理和形式宜人的光亮。所以，对实体的设计同样应该以“亮度”为出发点，把对实体材料的设计统一到对亮度空间的设计上来。日景和夜景照明的主要差别是照明的光源不同：日景靠自然光——天空光照明；夜景靠人工光源——灯光照明。自然光的光谱齐全恒定，显色性能好，能真实地显现景观的颜色，而不同的人工光源的光谱成分差别很大，显色性也各不相同，需要根据夜景照明的需要进行选择（图4-10～图4-12）。

图4-10

图4–11

图4–12

图4–13

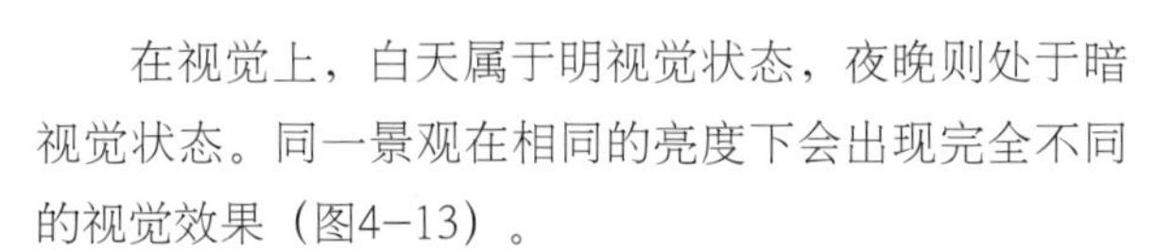

在视觉上，白天属于明视觉状态，夜晚则处于暗视觉状态。同一景观在相同的亮度下会出现完全不同的视觉效果（图4–13）。

白天自然光的照射方向是自上而下，景观的光影和立体感表现为光在上，影在下，有阳面阴面之分。而自然光随着时间和天气的不同有规律地变化，这是人们所不能控制的。夜晚，人工光源可以根据需要设置在任何位置。光和影没有固定的图示，当然也没有阳面阴面之分，而这时的灯具的品种，可根据景观照明的需要进行控制和调整，还可以通过光和色的层次来突出景观特征和细部造型，这是自然光无法比拟的。灯光要满足人们心中潜在的对于“向光性”“控制感”和“私密性”的需要，对此我们应该在光和空间设计中，利用人们对视觉信息的需要来调整空间形态的亮度分布。

## 第三节　选择合适的光源色彩

灯光和灯具的色彩、装饰与人们的性格、文化底蕴、情趣和习惯相联系的色彩能够表现人的情感，不同的色彩引起人们情绪上的反应现象大致如下。

红色——热情、爱情、活力、积极；

橙色——爽朗、精神、无忧、高兴；

黄色——快活、开阔、光面、智慧；

绿色——平和、安息、健全、新鲜；

蓝色——冷静、橙色、广泛、和谐；

紫色——神秘、高贵、优雅、浪漫（图4–14～图4–20）。

图4-14

图4-15

图4-16

图4-17

图4-18

图4-19

图4-20

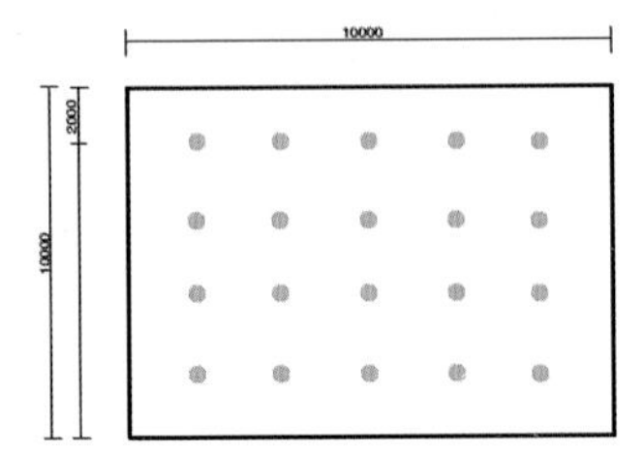


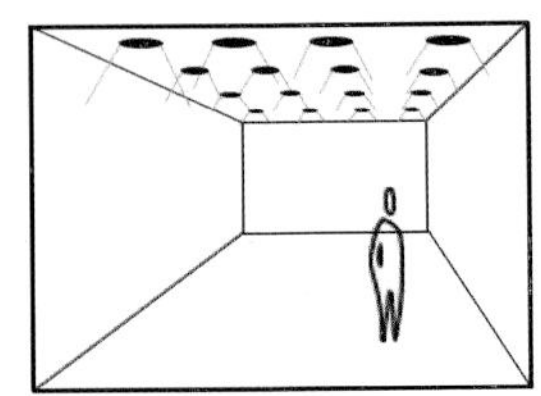

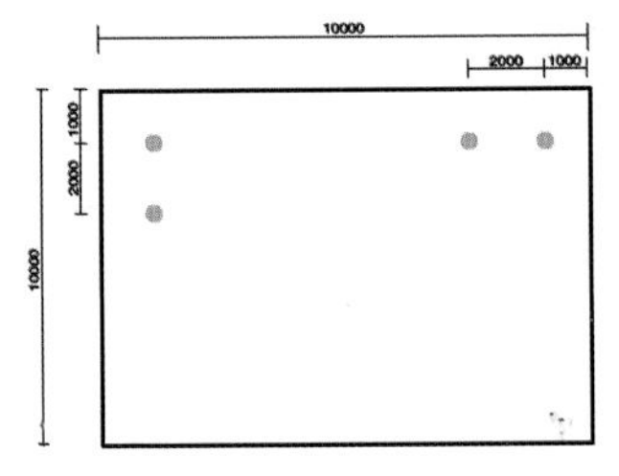


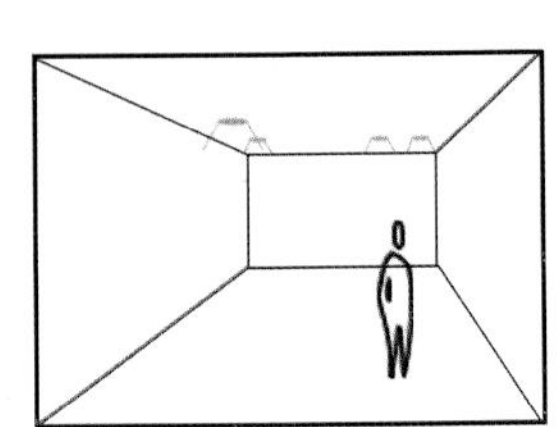

图4-21　灯光位置举例

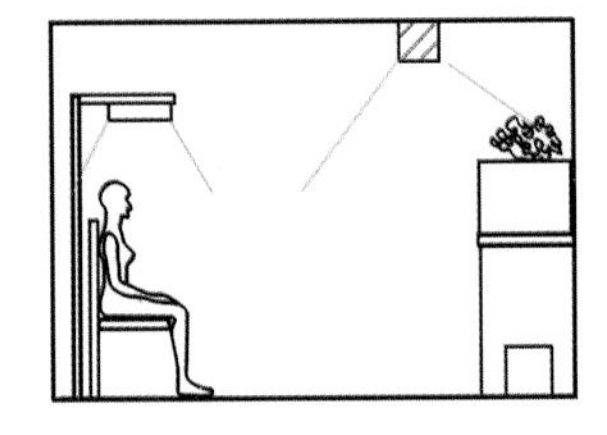

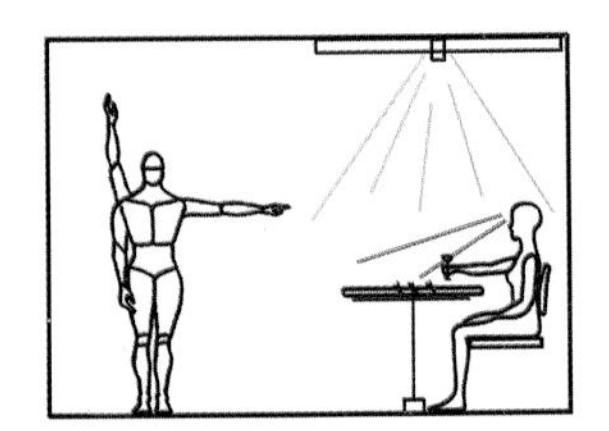

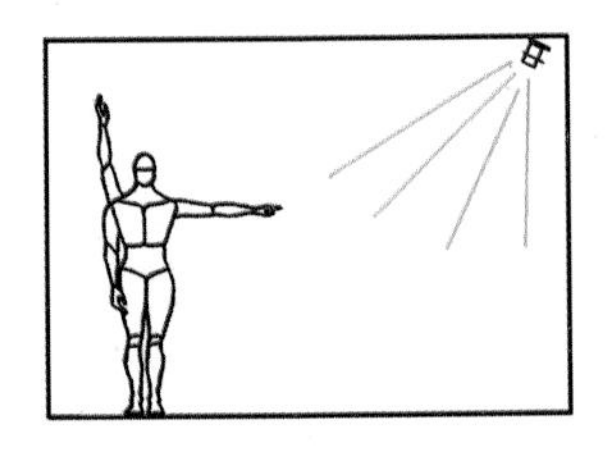

图4-22　灯光位置举例

## 第四节　光源位置的选择

根据室内装饰的初步设计，对光源的布局分配进行条块划分。所谓光的布局并不是照明灯具的配置，虽然有些抽象，但最终行为目的是在设计照明效果的过程中进行光的配置。能够控制光效果的因素，大致可以分为四种：照度、亮度、色温、光源的高度。关于量的布局和光源高度的分布要脱离开平面图，用立面和剖面图来考虑（图4-21、图4-22）。

在设计舒适的亮度分布时，最重要的是研究接受光的照射之后应该有反射的材料，无论设计出多大的光亮，如果是反射率低的材料或者是光泽度高的材料，就不可能达到均匀明亮的效果。在概念设计阶段设想出来的视觉环境，可以换成入射的光亮和装饰材料的关系，有时建筑装修材料比顶棚布置图更有重要意义。

作为照明方式的光因素，可以分为直接光和间接光以及半间接光三种。这些因素不是指光的数量，而是指负担着与质量有关的重要的照明效果，尤其是影响着光和影子的形式方法和平衡。另外，所谓照明方法，并非只是照明灯具的规格，而是规定了照明和建筑的细部结合状态。

关于筒灯、吊灯、壁灯等照明灯具的一般照明方法，本来就应该通过对建筑地板、墙体、顶棚等提出详细的灯光设计要求，才有可能为照明方法提供依据。灯光设计特别是在建筑设计初级阶段，同建筑设计的协调尤为重要。间接照明的部分，如发光地板、

表4-1

| 次符号 | 灯具名称 | 灯 | 灯光通亮（1m） | 维护率 |
|---|---|---|---|---|
| A | 间接照明灯 | 金属卤化物灯1000W | 115000 | 0.66 |
| B | 筒灯 | 高压钠灯T形150W | 7300 | 0.75 |
| C | 筒灯 | 高压钠灯250W | 12800 | 0.75 |
| D | 筒灯 | 金属卤化物灯400W | 23000 | 0.48 |

发光墙体、发光顶棚，或者地面嵌入式照明等，获取特殊的照明效果时，必须在建筑施工图设计完成之前就完成大致的设计（表4-1）。

在顶棚布置图上配置照明灯具的作业，叫作配灯。在初步设计阶段，应该从顶棚布置图开始以平面图为主进行大致的配灯。绝大部分照明灯具都是安装在顶棚上的，但是光的设计上，照明灯具的灯光照射对象很重要。从这个意义出发，可以在心中描绘出地板和墙面的照明效果，并为得到这个效果而考虑照明灯具的位置如何才是最妥当的，也就是要意识到图纸是把顶棚布置图映射在地面平面图上，然后进行大致的配灯（图4-23、图4-24）。

在照明计划上，照明灯具并不局限于现有的制成品范围，在需要特殊的照明灯具设计时，需要设计并描绘灯具的设计图。设计图纸的精度因使用灯具对象不同而有差异，但是照明灯具应该由灯具生产商绘制而成，所以最好在设计图纸上标明所需要的光学控制技术、形状和尺寸、使用的材料以及装修的种类等。

图4-23

图4-24

在建筑图中对顶棚平面图的检验过程中，一定要检验图中是否标注出了照明灯具的正确位置。顶棚上还应该配置空调和防水灯以及各种各样的设备，而非只照顾照明灯具的配置。此外，还要对照明灯具的配图或建筑细部的安装位中心进行审查，重要的是规定出空调和防火等其他顶棚设施的合理位置。

## 第五节　光的层次

对于照明设计师来说，平时要尽可能地多收集、研究原因不明的光形态与效果，并用草图整理积累，把大量的照明设计上的设想作为材料积攒起来。在打开建筑设计图阅图时，最好同时把为自己使用而画的光草图和照明效果图都放在身边待用。这样，在你的照明设计工作中就会出现很多层次重叠的光堆积在一起的资料（图4-25）。主要照明的集中方式如下。

1.发光顶棚和格栅顶棚

这是一种格栅的大部分都要发光的照明方法，在室内净高3m以下，既能得到照度，又会发挥出实用性的功能。如果室内净高在3m以上，可以在提高装饰性的价值上进行充分设计。

2.发光灯槽

这是把装饰用的格栅或四周的顶棚照亮，得到间接照明效果的方法（图4—26）。

图4—25

图4—26

3.檐口发光灯槽照明

这是在与墙面相接的顶栅面之上，连续地配置照明度，使墙面明亮而又均匀地被照亮的方法，光源不能以生活视点直接看到，必须让光源做到充分遮挡（图4—27）。

图4—27

4.洗墙（墙上灯槽）照明

这是在与墙面相接的顶栅上留出一道细长的沟槽，在该沟槽里连续配置光源灯的墙面照明形式。这种光源一般是使用PAR灯或荧光灯，由于人的视点不同，多数是用格栅把光源灯遮挡起来，一方面让人看到光源灯，另一方面又保留了隐藏空间，制造出光源的层次感与叠加感（图4—28）。

5.筒灯照明

这是一种除了保证整个空间的照度之外，还要通过灯具的配置模式提高空间氛围的照明（图4—29）。

6.向上投光照明

向上投光照明主要是用在植物、室内雕塑、小品的照明设计当中，根据被照明的物体形状来考虑灯具的配光和配灯位置（图4—30）。

以上照明方式是具有代表性的几种照明方式，除此之外，还有一些照明方式。对于一个空间和同时出现几种不同的做法，都可以将其视为是适当的照明，尽可能达到最佳的照明效果。这是一种追求实现完美但又无法实现完美、无限接近完美的设计追求，也正是照明设计的乐趣所在。

图4—28

图4—30

图4—29

## 第六节　光源的控制

最简单的光源控制是开关方式。拥有多只灯的照明灯具，要通过开关得到满足空间使用目的的照明效果。在使用中，必须先把灯具的线路分开，然后只需简单的开关操作，就可以达到预想的照明场景，同时也能很好地节约电能。但是，这种照明方式存在的问题是由于瞬间变化亮度而产生的不舒适感。照明控制时希望在适应视觉的特性上达到平稳的变化，在这个意义上讲从0开始点灯和光亮，如果中途要有变化，最好使用良好的连续调光方式。连续调光器主要用于白炽灯，白炽灯可以从0到100%变化亮度，不仅价格低廉，而且种类繁多。如果将亮度减低，色温就会降低，光就像天鹅绒一样增加柔软度和温暖度，这种具有浪漫色彩的光使空间具有质的意义，并且设计出光线的明暗层次。

近年来，通过电子镇流器控制频率，直管式荧光灯也能够比较容易地进行连续调光。荧光灯的连续调光是通过把不同色温的灯进行混光，可以表现出微妙的灯光颜色，给人们带来新的光的欣赏方法的启示。

如果在一个房间里同时有几个调光开关，每次调出想要的照明场景会比较麻烦，还会增加操作失误率。因此，可以把数条开关线路集中在一起，称之为计算机内存的场景控制器或程序调光装置的系流化照明控制系统，近年来受到人们的关注。其中把舞台照明设计用的调光装置改成小型装置，还有普及型和大规模空间用的两种形式（图4—31）。

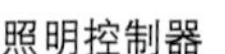

照明控制器

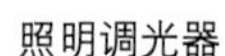

照明调光器

图4—31

普及型在一般的住宅和商业空间、办公室等得到了广泛的应用，有4线路、4场景控制器；6线路、4场景控制器等。在这些装置当中，自然要有100W的白炽灯，同时还有能够连接在低压白炽灯和荧光灯线路上的装置，虽然每一条线路的电容量有限，但如果容量不足时，还可以用升压器升压，而且在切换场景时，还可以选择交叉衰落和衰落时间，非常有利于视觉感受的舒适体验（图4—32）。

另外在使用大规模的空间时，将会增加照明线路数量和场景程序数量，所以一般都要另外配置操作桌和调光盘。越是大规模的空间，就越容易出现戏剧性的照明变化，尤其是在不同的配光照明灯具时，由于

图4—32　4线路、4场景控制器（程序调光器）

各不相同的调光作用，甚至会使空间的氛围呈现出迥异的变化现象。

今天，开关控制除有手动控制之外，还有无线遥控开关和传感器计时开关。无线遥控开关时，通过红外线波进行远距离控制，带有传感器的开关一般有热敏传感器和光敏传感器，此类设备在入口出入很少的美术馆和博物馆会有所配设。

光敏传感器也叫自动开关器，能感知周边的光亮空间，一旦光线变暗就会自动亮灯，待周边环境光线变得明亮，就会自动关灯。如果能够把光敏传感器和计时调光器组合起来使用，那么我们就可以把复杂的照明控制改为自动管理，在提升使用效率的同时，还能为节能做出巨大贡献。

## 第七节　照明的种类

照明灯具种类繁多，在选择灯具时可根据不同考虑因素，分类购买。

### 一、常见的照明灯具厂商的产品样本

大多都是按照灯具的安装位置进行分类的。以下是安装在顶棚上的灯具，从基础的功能型照明到复杂的装饰型照明，灯具的种类变化十分丰富。

#### 1.筒灯类

筒灯类灯具，是一种埋置在顶棚里的开口直径很

小的灯具。除了保证整个空间的照度之外，还要通过灯具的配置模式提高空间氛围的照明。可分为基础照明和局部照明两种功能类型，前者以带反射镜或者反射板为多，在拦截直射眩光的同时，达到高效率照明的目的（图4-33）。

当地面材料采用磨光有光泽的大理石或花岗岩时，如果筒灯的下方为开放型，光源就会映照在地面上。灯的数量较多时，会给人以繁花似锦的炫彩印象，但有时也会产生空间上的混乱现象（图4-34）。

安装在墙壁上的筒灯，灯具的安装高度，在消费者视线容易看到的位置，一般常采用为控制眩光的装饰性设计。筒灯的特点：

图4-33

图4-34

（1）容易找到双光束的宽配光；

（2）适宜顶棚高2.4～3m房间的顶棚照明；

（3）靠近墙壁配灯，容易在墙面上出现贝壳状的阴影（镜面或半镜面的饰面比白色和闪光饰面容易产生更强烈的光影）；

（4）灯不外露，开口直径又小，所以灯具隐蔽；

（5）特别的控制眩光照明；

（6）灯的照明效率一般（图4-35）。

图4-35

## 2.洗墙灯

洗墙照明灯具是如同用光把整面墙刷洗一样的照明灯具。该灯具有两种安装方式：一是安装在与墙壁临近的顶棚上的细长灯槽类型（墙上灯槽）；二是安装在稍微离开墙壁的顶棚面上的类型。无论哪一种，根据照明效果都能显示出墙面空间的宽阔，或者更显华丽。

在与墙面相接的顶棚面上留出一道细长的沟槽，在该沟槽里连续配置光源灯的墙面照明。这种光源灯一般是使用PAR灯或荧光，但由于人的视点不同，多数是用格栅把光源遮挡起来。一方面，通过墙面的规模和装饰，可以达到趣味性的照明效果；另一方面还要考虑到，当装饰不充分时，照明也会突出不好的装饰效果（图4-36）。

根据不同高度，光源灯可变换不同种类以达到一定效果。

（1）光源高度在2.4～3m，推荐用白色涂装灯60～150W。适当地强调墙面的质感，从墙面到稍微离开一点的地面可以更多扩散一些光源，使墙面具有光泽，较易在显眼的区域映照出灯具（站在墙边上会觉得较为耀眼，刺激眼睛观感），墙面的照度均匀性良好（距离顶棚面2.5m以下的墙面照度，在设计中不得超过距离顶棚面1m以下墙面照度的1/3）。

（2）光源高度在2.4～3.5m，推荐用小型荧光灯18W×2、27W×2或金属卤化物灯70～150W。带有扩散透镜的灯具使墙面的照度均匀性优越，使墙面有光泽，容易在显眼的地方映照出灯具，墙面的照度均匀性优越（距离顶棚面4m以下的墙面照度，在设计中不得超过距离顶棚面1m以下墙面照度的1/3）。

图4-36

（3）光源高度在5.0～7.0m，推荐用卤钨灯250W或金属卤化物灯70～150W。为了能够让灯具离开墙面使用，即使灯具间隔扩大，洗墙照明的效果也会很高，使墙面有光泽，容易在显眼的地方映照出灯具，墙面的照度均匀（距离顶棚面4m以下的墙面照度，在设计中不得超过距离顶棚面1m以下墙面照度的1/3）。

（4）光源高度在2.4～3.5m，推荐用直管型荧光灯20W、40W相连（带反光镜），在视觉上，墙面的照度均匀性很高（距离顶棚面4m以下的墙面照度，在反光镜的设计中不得超过距离顶棚面0.5m以下墙面照度的1/10）。

（5）光源高度在2.4～4.8m，推荐用反光灯50～100W。比上一种照明模式还要强调墙面质感，若来自直视方向的视点多，最好采用带有防直射的灯具，视觉上墙面的照明均匀度高。

（6）光源高度在3.5～9.0m，推荐用PAR型灯75～200W。视觉上墙面照明均匀度高，若来自直视方向的视点多，最好采用带有防直射的灯具，比第五种照明模式更突出墙的质感。

### 3.嵌入型荧光灯具

这是一种广泛地使用在高照度的办公室和商店的基础照明灯具。讲究实用性的照明，要按照一定的计算方式进行恰当的灯具选定和符合顶棚模数的配灯。公共空间建筑一般都是按照现状配置直观外露型荧光灯，这种配光等方式的优点是灯具和配线的费用低廉，但照明效果缺乏趣味性，在某些情况下，还会因为眩光而给人带来心理上的不悦感。因此，在大致有6平方米的空间里，应该尽可能用正常视线能够看到的顶棚照明。由此，建议采用VCP（视觉舒适度）高的率镜面，或者使用半镜面装饰的带有剖物线防直射眩光罩的减少眩光型灯具，大型商业空间中主要使用方形带有剖物线防直射眩光罩的埋入式荧光灯，地、顶棚空间使用小型荧光灯，略高的举架则选择直管型荧光灯用大型灯具（图4—37）。

### 4.吸顶型灯具

在顶棚里没有嵌入灯具的空间，或在顶棚上不能开孔安装灯具时，可以选用吸顶型灯具。在住宅中使用时，只要顶棚上有挂钩类，就能够很容易地把灯具嵌在顶棚上，其中有不少大型灯具投入使用，其目的不仅是为了设计上的美观，更多是为了得到功能性的照明。这样的灯具尺寸，关键要与房间大小平衡，要能以房间的对角线长度为基准进行设计（图4—38）。

图4—37

图4—38

### 5.顶棚悬吊型灯具

悬吊型灯具分别为单灯用的悬垂装饰灯和多灯用的枝形吊灯两种。这些灯具的用途比较广泛，在设计上已有许多古典特征再现于现代风格上的尝试和应用。一般建议把这种灯具用在顶棚比较高的室内空间中，可以看到灯具在空中闪烁发光的美景（图4—39）。

在人们的眼睛最容易看到的地方，如果同时悬挂多盏吊灯，会在视觉上给人以混乱的观感。因此，可以把小型的灯具以群体的形式集中起来进行安装，或在房间的拐角处按照配合家具的关系进行设计布灯。这样一来，即使是一室多灯，也可以让人感到舒适、美观。

图4—39

## 二、安装在墙上的灯具，灯具的安装高度

在使用者视线易看到的地方，一般都要采用避免眩光刺眼的装饰型设计。

### 1.直接安装在墙面上的灯具

直接安装在墙面上的灯具，一般称为壁灯。壁灯的设计重点是突出空间的重要性和装饰作用，要比获得灯光照度更为重要。在这些球形灯罩和灯伞、盘子形壁灯灯具中，灯泡外露的灯具的品种较少。盘子形灯具一般是把灯光照射到顶棚面上，利用间接照明的效果（图4—40）。

盘子形灯具配置在地面以上1.8m、距顶棚面30cm以上的墙面上为最好。

图4—40

球形灯具适用于结构上防滴水或防潮的环境，一般都用在洗手间、浴室以及室外入口处。

直接安装在墙面上的灯具，其灯具设计和灯光形状对安装高度都有所要求。因此，在设计的初步配灯阶段，必须明确灯具的安装高度。还要在选定灯具时，重点考虑灯具的外观和防止眩光功能。例如，走廊和通道等，从侧面往里看时，就要注意灯具露出的幅度，如果从上一层自上而下俯瞰，就不能直接看到光源。

## 2.墙内嵌装式灯具

被称为脚灯的安全灯，多数是嵌装在墙面里边的。墙体和顶棚不同，因为墙面没有充足的嵌装空间，所以灯具都是薄形的，而且大部分灯具呈现柔和的灯光效果，大面积地照射地面。楼梯的照明采用带有反光镜的灯具，不仅要注意防止眩光的产生，同时还要一段一段地进行局部照明。如果是特别设计的带有反光镜的灯具，在设定照度低的、细长的空间里，也可以把灯具嵌装在高于视线的位置上，由此得到全面的照明效果（图4-41）。

定义楼梯：大理石墙面隐藏台阶照灯灯光实用，有格调的灯光与楼梯严谨的建筑线交相辉映。

如果你打算使用LED节能脚灯，一定要选择简洁的白色或温暖的米黄色，而不是冷色调的灯型。这样灯才能映射出地面或台阶材质本身的颜色。如果需要夜光，LED也是最佳的选择，因为可以长时间开启，且不会变得很热，同时消耗的电能也较少。

将地灯或脚灯安装在楼梯上时，照出台阶的高差，确保安全通行的同时，为空间光照增加层次感。最好选用窄而聚集的光束照射较宽的台阶面。

图4-41

## 3.凹缝灯与壁龛灯

将柔和直线的灯光带入如凹缝或天花壁龛这些隐藏的地方，很好地为房间打造出微妙的光线背景（图4-42）。

拱顶的连接：将低压点灯装置在微拱的天花板两侧，给人以抬高天花板的错觉，并连接了习作区和饭厅区。当光度调到最大时，可以照亮整间屋子；当光度调暗时，可出现柔和的背景光。

可以安装在墙的上方作为柔和的向上照射灯。在这种情况下，还需要一个小的向上挡板隐藏住灯泡。向上照射狭窄幽闭的地方时，例如走道入口，比较谨慎的方法是将灯具安装在精心设计的檐板中。如果房间适合使用吊顶，可以用小的壁龛灯围绕房间，提供更多的柔光，铺洒在天花板上的同时强调出顶棚的建筑设计。灯泡与天花板间至少要相距30cm，留出足够的空间让光消散和最大限度地进行反射。它们之间的

图4-42

距离越小，光会越显僵硬。换句话说，如距离较近，柔光会变成环绕房间的一条光带。将壁龛遮片内侧涂色，确保最大限度地将光放射到房间中。所以灯光的设计是尤为重要的，要注意即使在玻璃的倒影中看不到灯的装置。凹缝灯和壁龛灯的作用是增加背景光，作为主要光源使杂乱感降到最低。

## 三、放置形灯具

放置形灯具有两种，一种是放置在地板上使用的落地灯；另一种是放置在桌子上或书架上使用的台灯。从光学方面来说，放置形灯具主要可分为以下四种类型。灯伞形：这种类型的灯具，可以同时得到直接光和间接光，创造出良好的灯光氛围，还可以作为简单的读书灯使用；因为灯伞的形状和灯的位置，可以通过微妙的变化来扩散光的范围，所以该灯有时在选用上要注意配光的方式（图4-43）。球形灯罩：具有代表性的球形灯罩，常见的是乳白色球形灯罩，其中还包括用纸质的提灯式的灯罩，具有使裸灯光线变得柔和的功能；最好同时协调其他室内部件；而在黑暗的空间中，容易产生旋光现象，所以最好使用带有调光装置的灯具。反射器形：主要是指把眩光和闪烁光遮挡，有利于保护眼睛的明视台灯，使用低压卤钨灯的带有反射器的小型台灯，大部分的产品外观造型也都比较优美；此外，由于灯光特有的高亮度光，可以同时照亮家具和室内装饰品，所以颜色得以显现，室内显得更加丰富。照式照明形：照式是将光的全部或者大部分面向顶棚表面照射的形式，所以，顶棚表面装饰性越强、越光亮，照射效果也就越好；一般光源是以白炽灯为主，但作为办公室的环境照明，要得到更明亮的间接光，可以使用HID灯；此外，另有一种被称为小型向上照射型落地式灯具；例如，把这种灯放置在灌叶植物的后面，既可以照亮植物，又把植物叶子的影子映照在顶棚上。适合在室内提高视觉层次上的丰富的效果。当然，有时也因为植物的种类（叶片形状、大小）不同而产生不理想的照明效果。

①建筑化照明灯具

把光源隐藏在墙体或顶棚等建筑和内部装修材料立面，进行空间照明的方法叫作建筑化照明。除了发光灯槽和外檐发光灯槽、窗帘盒式间接照明外，墙内嵌入式、地面嵌入式也都属于建筑化照明。尤其是发光灯槽、外檐发光灯槽照明使用的灯具，灯的连接方式渐变，除了直管型荧光灯之外，还有双管结构的小型荧光灯和多数组合在一起的小型白炽灯。把这些灯具巧妙地隐藏在建筑结构里，可以在顶棚和墙面上减少不规则光，达到漂亮的间接照明效果。关于光源和顶棚或墙面的距离，以及为了用通常的视线看不到光源遮光角度的解决方法，都要根据空间规模和生活时间进行充分研究（图4-44）。

需要注意的是，一些为了装饰性的目的而生硬地把光源放在狭窄的空间里，荧光灯会因为温度升高而使其光度降低，至于白炽灯，有时会因为发热而使顶棚或墙面烤焦。

图4-43　色彩的明暗形状和光的扩散

图4-44

②光纤维

在全反光的塑料或液态管的末端部分，通过使用聚光性高的聚光灯，让纤维的顶端或侧面发光。不论在室内或室外，都有以装饰照明为目的的用途。同时，由于去掉了紫外线，作为特殊的例子，还可以用在美术馆的绘画作品照明等。其不同之处在于，可以在用模型作照明效果的模拟时使用（图4—45）。

图4—45

## 第八节　以厨房空间为例的灯光的照明布置

### 厨房料理台照明

#### 1.厨房上方的照明

在天花板位置安装可调节方向的射灯，可以照亮厨房的料理台。将这些灯在橱柜边一字排开，可以避免工作区域产生阴影。可调节方向的灯光能够提供更加舒适的照明效果，并能有效避免刺眼的强光（图4—46、图4—47）。

通过隐藏式镶顶灯和安装在天花板上向下照射的射灯，将料理台面的区域照亮。可以运用不同的光束来制造不同的效果，细细的灯光用作需要加强效果的部分，中等或是交互的光线则是用作工作照明（图4—48）。

#### 2.橱柜下方的照明

在厨房作业时不适合使用头顶的大灯，或为了避免自上而下灯光打在人脑袋上透射的阴影影响操作，那么装在橱柜下方较低的灯光可以为你提供工作时所

图4—46

图4—47

图4—48

需的灯光（图4-49）。

### 3.结构照明

在厨房中的一些橱柜中可以适当地放入一些结构性灯光，例如在橱柜的玻璃隔板后方打上灯光，可以起到突出陈列物的作用。这种做法能够使得空间变得更加柔和，并且使得功能型极强的厨房与休闲娱乐氛围浓重的客厅或餐厅在风格上保持协调一致（图4-50）。

图4-49

图4-50

### 4.料理台面前方的照明

使用隐藏式线形光源将料理台面前方照亮，这样能够有效地将这块独立区域与厨房中的其他部分连接在一起，使其不会显得太过生硬。在厨房与餐厅合二为一的空间中，这样的灯光为餐厅提供了很好的氛围。脚灯能够照亮料理台面前方的地面，丰富了空间的色彩和质感，并能很好地调节气氛（图4-51）。

图4-51

### 5.高处和低处的照明及色彩

安装在墙面顶部的直线灯光可以调节亮度，调暗时夜间能够散发出柔和的光线，调亮时又能够提供没有阴影的反射形照明，更加方便下厨工作。踢脚线上的灯光散发出更加微妙的光线，为空间带来更多纵深感。而安在玻璃后的变色LED灯，能够为空间增添一份神秘感，并且为下厨的人带来不一样的料理体验（图4-52）。

图4-52

照明在室内设计中具有创造全新的视觉空间和氛围营造的作用。有一万种照明方式，就有一万种光的空间。而光源之间，又有着更多种的不同组合。这种设计的快乐追求，对每一位设计师来说，都是美好而又甜蜜的挑战。

# 第五章 室内装饰照明灯具

— 本章重点 >>

1.照明灯具的意义。

2.照明灯具的应用。

3.照明灯具和室内表现作用。

— 学习目标 >>

对各种不同类型的室内照明灯具的名称、范畴、性质、类别、功能、特点具有全面准确的了解，并进行熟练应用。

— 建议学时 >>

5学时

# 第五章　室内装饰照明灯具

随着照明设计科学技术的日益发展，照明灯具不论从研发技术、核心硬件还是外在形式都有了更多的可能性。以此为依托，照明灯具与室内设计的结合越来越紧密，作为功能性部分的照明灯具有了重要的装饰和室内表现作用。照明灯具不仅照亮了室内的空间，也照亮了人们的内心。

## 第一节　节能灯

节能灯，又称为省电灯泡、电子灯泡、紧凑型荧光灯及一体式荧光灯，是指将荧光灯与镇流器（安定器）组合成一个整体的照明设备。

节能型荧光（CF）灯泡发出的光比传统的白炽灯要柔和，虽然部分节能灯还无法安装调节器来控制明度，但是市场上已经出现一些不同亮度的灯泡。当光线较为昏暗时，它只是减弱了光亮，而光线颜色是不会改变的，比如变得更暖（采用暖光照明）。有一些节能灯泡还另外涂上一层磨砂质塑料涂层，使得光线变得更加柔和。

优势：

相对于普通白炽灯而言，节能灯可以省下80%的能耗。

使用寿命长，一般可以使用10000～20000小时。

缺点：

减少调节光亮功能。

报废灯具不能随便处置，因为荧光灯泡内含有汞，对人身体有害（图5-1～图5-4）。

螺旋形CF灯泡的外形与普通灯泡的外形并无差别，是替代普通灯泡的最佳选择，在节能灯中，它没有了传统的钨丝，而是用红外涂层（IRC）和注入的氙气来提供热量，把更多的能量转换成了光能。这些灯泡在调节器的帮助下能够在不同亮度中产生不同的效果，为室内照明增添一些色彩。

图5-1　NO.23

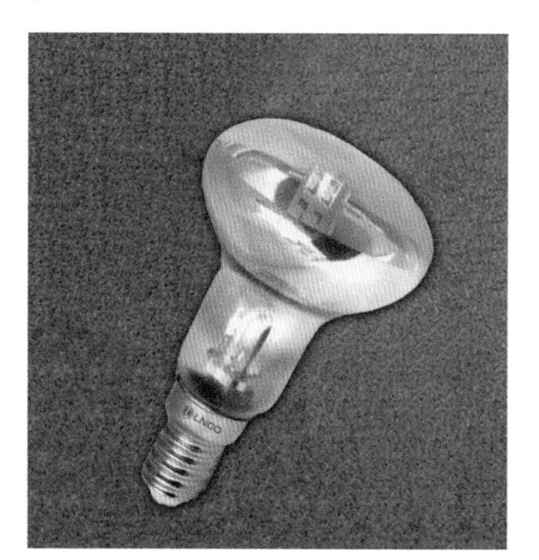

图5-2　NO.18

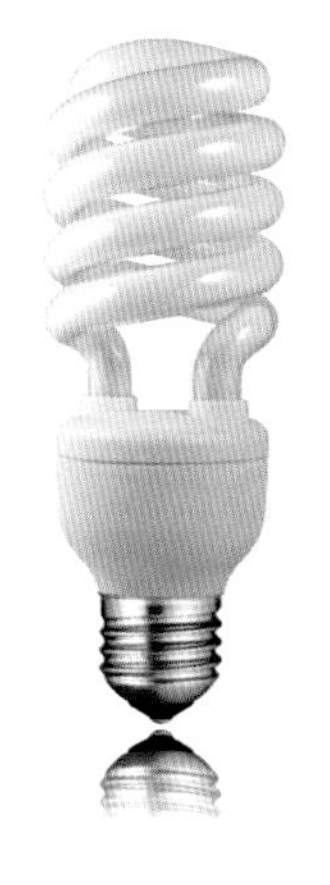

图5-3

图5-4　NO.52

优势：

可以调节光亮度，比高效节能灯的颜色更加真实，不含汞。

## 第二节 白炽灯

白炽灯是第一代热辐射光源，白炽灯具有结构简单、成本低廉、显色性能好、点燃迅速、可调光等优势，今天仍被广泛利用。由于它的寿命短（有振动时和散热不好时，寿命会进一步减低），功率低。在宾馆、写字楼、商场、工厂、体育馆等采用高照度照明的大空间使用时，尽量不使用白炽灯。

白炽灯使用在要求瞬时启动和连续调光的场所、对房子电磁干扰要求严格的场所，照度要求不高，而且照明时间短的场所，以及对装饰有特殊要求的场所（图5-5、图5-6）。

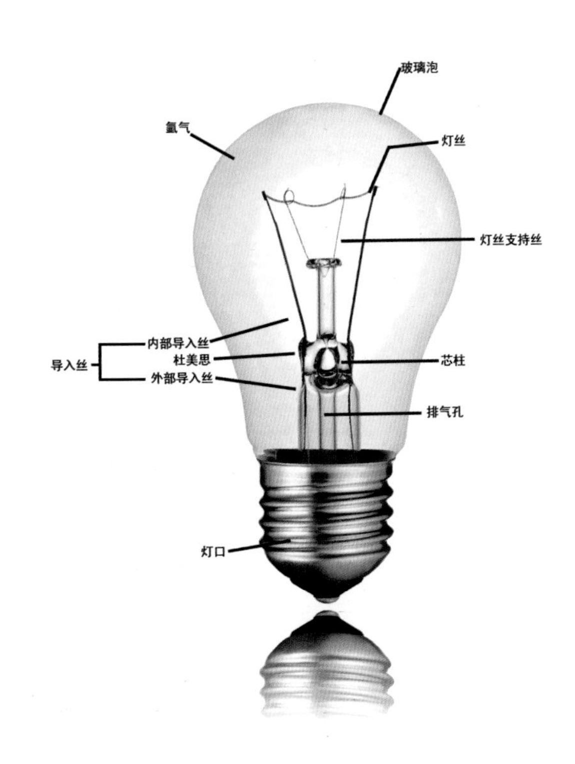


图5-5 白炽灯结构图

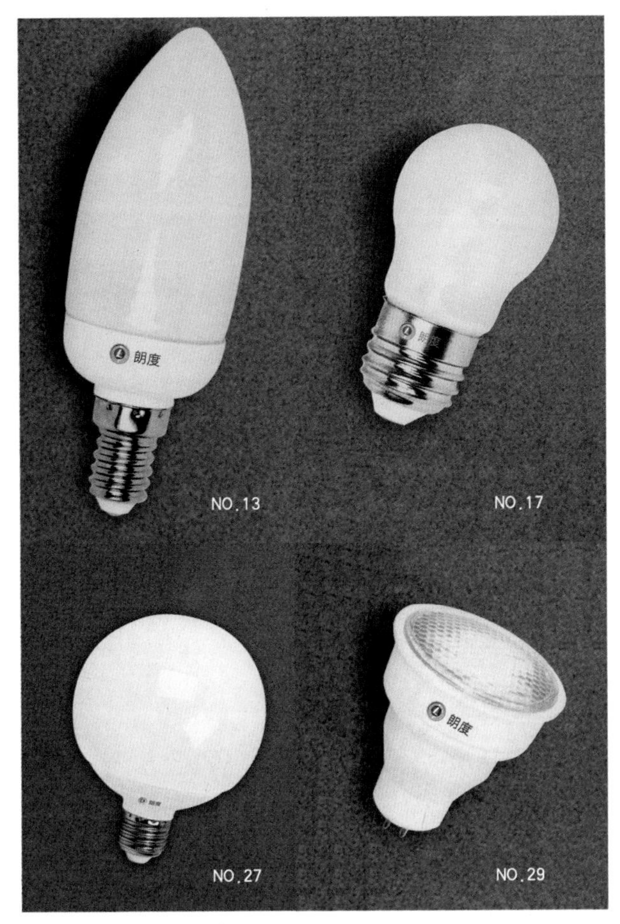


图5-6 各种形式的白炽灯

## 第三节 荧光灯

俗称日光灯，属于低气压蒸汽弧光防电灯，荧光灯最大特点就是寿命长，照明效率高。显色性良好的荧光灯，从接近于JTS标准最高值的Ra99显色AAA到Ra88的三基色标准发光型灯有若干个选择可能性，种类也很齐全。

荧光灯在点燃时需要使用镇流器和启辉器。现在常用电子镇流器取代传统镇流器。在大量使用荧光灯时，镇流器的功率非常重要，镇流器对每一条线路可以使用的灯数量和电量都有影响。荧光灯又根据其形状和结构分为直管型荧光灯、环形荧光灯、小型荧光灯、灯泡形荧光灯、白色涂装灯泡等。目前更为先进的T2、T3超细管也已经被普遍推广使用（图5-7）。

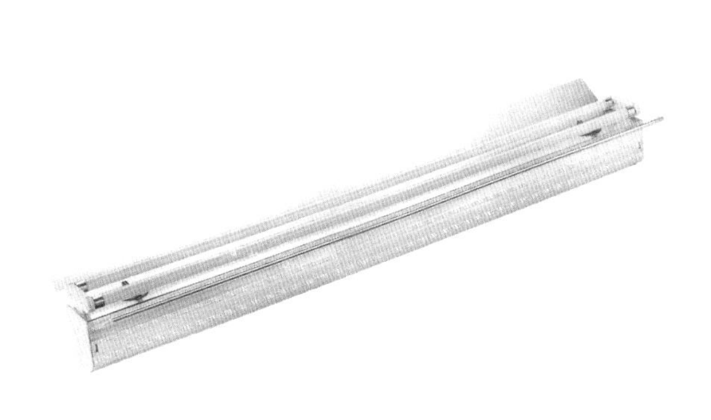

图5-7

(1) 环形荧光灯

(2) 小型荧光灯

(3) 灯泡形荧光灯

(4) 小型荧光灯U形

(5) 直管型荧光灯

(6) 白色涂装灯泡。

(7) T8

(8) T2

(9) T3。

(10) T5（图5-8、图5-9）

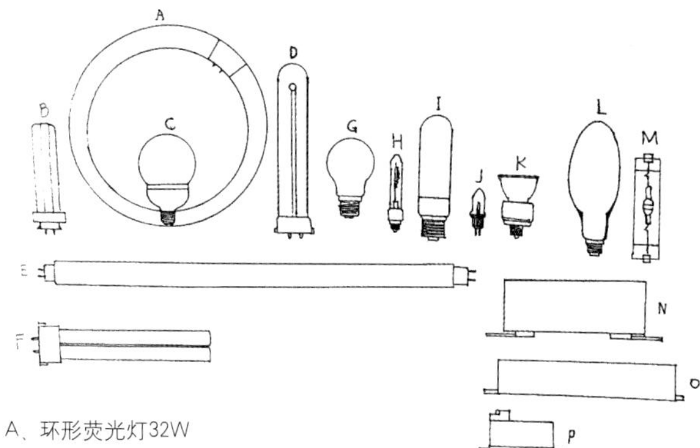


A、环形荧光灯32W
B、小型荧光灯（4根管构造）27W
C、灯泡形荧光灯16W
D、小型荧光灯U形18W
E、直管型荧光灯20W
F、小型荧光灯（2根管构造）27W
G、白色涂装灯泡100W
H、卤钨灯100W
I、高显色型高压钠灯50W
J、低压卤钨灯50W
K、低压带分色镜的卤钨灯50W
L、金属卤化灯100W
M、小型金属卤化物灯70W
N、小型金属卤化物灯70W用一般高功率镇流器
O、高显色型高压钠灯50W用低功率电子镇流器
P、低压卤钨灯50W用低压镇流器

图5-8 主要的光源，镇流器等外形尺寸对比图

| 光源 | | 1/2光束角上的正下方照度1000Lx的光扩散 | 2m正下方的照度 |
|---|---|---|---|
| 1/2光束角10° 以下 | | 1m 2m 3m 4m 5m 6m 7m | （Lx） |
| 4° | 6V35W 卤钨灯 带铝反光镜 | 5.7m 400ø | 8250 |
| 8° | 12V50W 卤钨灯 带铝反光镜 | 4.8m 670ø | 5750 |
| 10° | 110V100W 卤钨灯 带有分色镜 | 2.4m 410ø | 1470 |
| 1/2光束角11°～25° | | 1m 2m 3m 4m 5m 6m 7m | 2m正下方的照度 |
| 12° | 12V50W 卤钨灯 带有分色镜 | 3.2m 680ø | 2500 |
| 15° | 110V100W PAR型灯 | 2.6m 680ø | 1750 |
| 24° | 12V50W 卤钨灯 带有分色镜 | 1.7m 770ø | 750 |

图5-9

目前，能源与环境问题越来越为国际社会所瞩目，逐步淘汰白炽灯、推广节能灯已成为节能减排的重要措施之一。许多国家纷纷出台政策制定节能灯能效政策或标准来保障节能灯的能效水平，禁止不符合最低要求的产品在本国市场上流通销售。例如，为了鼓励消费者和企业使用节能紧凑型荧光灯取代白炽灯，持续推动节能计划，美国于2008年3月7日出台了紧凑型荧光灯能源之星适用规范CFLs-4.0版本，用来替代2004年1月1日生效的CFLs-3.0版本。欧盟已于2009年9月1日起分阶段开始执行紧凑型荧光灯生态设计的第244/2009/EC号法规。

紧凑型荧光灯最早是荷兰飞利浦公司在1979年研制成功，又称节能灯或异型荧光灯。最常用的是9～16mm的细玻璃管弯曲或拼接成各种形状的、配以小型电子镇流器的启辉器，与外形美观的现代电子科技结合起来，使整个灯的外观协调灵巧。这种光效比普通白炽灯泡高5倍，使用寿命也是普通白炽灯的3～10倍，可节电80%，可直接代替白炽灯泡（图5-10）。

图5-10　紧凑型荧光灯的形

## 第四节　卤素灯

卤素灯是在荧光高压汞灯的基础上发展起来的一种节能光源，只是在放电管内又添加了金属卤化物，如碘化铜、溴化钠等。由于电子激发金属原子，直接发生与天然光相近的可见光，光效高于荧光高压汞灯，金卤灯是目前世界上最优秀的电光源之一，它具有高光效（65～140lx/w）、长寿命（5000～20000h）、显色性好（Rα=65～95）、结构紧凑、性能稳定的优势。目前金卤灯发展非常迅速，用途也越来越广泛（图5-11）。

图5-11　各种金属卤化物灯

（1）低压卤钨灯（图5-12）

（2）金属卤化物灯

（3）小型金属卤化物灯（图5-13）

（4）小型金属卤化物灯，带镇流器

（5）防爆型金属卤化物灯

图5-12

图5-13

图5-14

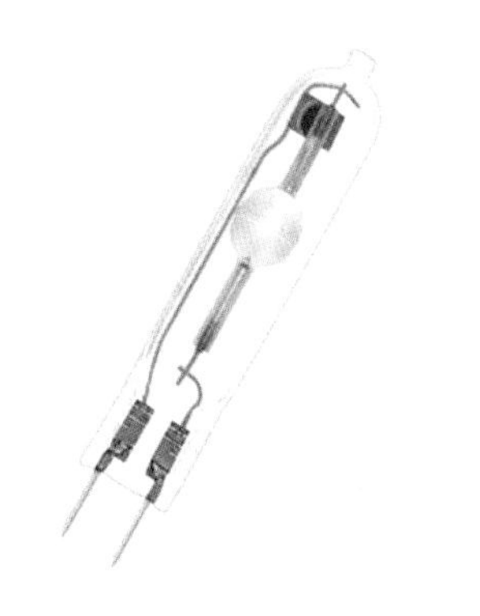

图5-15

图5-16

(6) 反射型金卤灯(图5-14)

(7) 紧凑型金卤灯(图5-15)

(8) 双端金卤灯(图5-16)

## 第五节 LED

在照明设计中,发光二极管(Light Emitting Diode)简称LED。发光二极管(LED)只是电路中一个非常微小的集中电路片。LED设有灯丝,所以不会产生热量或是烧坏。发光二极管还可以分为普通单色发光二极管、高亮度发光二极管、超高亮度发光二极管、变色发光二极管、闪烁发光二极管、电压控制型发光二极管、红外发光二极管和负阻发光二极管等(图5-17)。

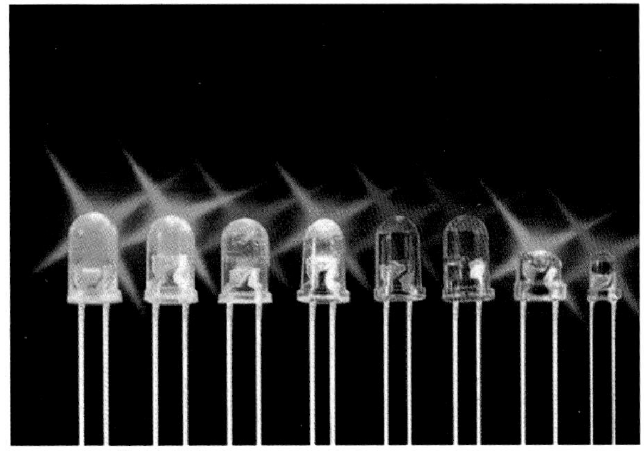

图5-17

但是LED需要一个驱动器(能为LED提供连续电压的能源),目前的价格也比白炽灯贵,但是比白炽灯运行起来更加具有功效。同样照明效果的LED光源比传统光源节能80%以上,比传统光源寿命长5倍以上。通过内置处理芯片,LED光源可控制发光强弱切换发光方式和顺序,实现多色变化,眩光小,无辐射,冷光源可以安全触摸,还可以作为隐藏式的照明,不会发烫,与传统光源相比,具有极强的替代优势(图5-18)。

### 1.二基色白光LED

利用蓝光LED芯片和YAG荧光粉制成。一般

图5-18　LED光源的类型

使用的蓝光芯片是InGaN芯片，另外也可以使用AlInGaN芯片。蓝光芯片LED配YAG荧光粉方法的优点是结构简单，成本较低，制作工艺相对简单，而且YAG荧光粉在荧光灯中应用了许多年，工艺比较成熟。其缺点是蓝光LED效率不够高，导致（白色）LED效率较低；荧光粉自身存在能量损耗；荧光粉与封装材料随着时间老化，也会导致色温漂移和寿命缩短等。

2.三基色荧光粉转换白光LED光源

在较高效率前提下有效提升LED的显色性。得到三基色白光LED的最常用办法是，利用紫外光LED激发一组可被辐射有效的三基色荧光粉。这种类型的白光LED具有高显色性，光色和色温可调，使用高转换效率的荧光粉可以提高LED的光效。不过，紫外LED+三基色荧光粉的方法还存在一定的缺陷，比如荧光粉在转换紫外辐射时效率较低、粉体混合较为困难、封装材料在紫外光照射下容易老化，寿命较短等。

3.多芯片白光LED光源

将三色LED芯片封装在一起，将它们发出的光混合在一起，也可以得到白光。这种类型的白光LED光源，称为多芯片白光LED光源。与荧光粉转换白光LED相比，这种类型LED的好处是避免了荧光粉在光转换过程中的能量损耗，可以得到较高的光效；而且可以分开控制不同光色LED的光强，达到全彩变色效果，并可通过LED的波长和强度的选择得到较好的显色性。此方法的弊端在于，不同光色的LED芯片的半导体材质相差很大，量子效率不同，光色随驱动电流和温度变化不一致，随时间的衰减速度也不同。为了保持颜色的稳定性，需要对3种颜色的LED分别加反馈电路进行补偿和调节，这就使得电路过于复杂。另外，散热也是困扰多芯片白光LED光源的主要问题。

## 第六节　吊灯

传统型吊灯是精美的金属、玻璃、水晶与设计的完美结合，既是实用产品，又是艺术作品，这种形式的灯具很难被其他灯具代替，吊灯适合于客厅、餐厅、长廊入口等，会给空间带来一种扩张感和拉阔感。

吊灯分欧式吊灯、水晶吊灯、中式吊灯、时尚吊灯、羊皮纸吊灯等，吊灯在外形上的优势是无论造型怎么改变，总是会随着时代的审美观而变化，永远不会落后于社会的主流美学思潮（图5-19～图5-28）。

图5-19　智利圣地亚哥的gt2P设计了Vilu，一系列手工制作吊灯，用参数化手法，使用金属片搭接咬合而成。所有的搭接片都暴露在灯罩外面，成为不规则外形上的个性凸起，内层则是起伏不平的金属面。这种构造使得灯罩的外形可以灵活地调整和挤压，可长可短，某些地方深陷或者凸起。人们在参与制作时，与灯对话，赋予这盏灯独特的空间感

图5-20 Suiusan Luminaires灯，此款灯具在设计上，以丝、麻、棉等作为灯具的三维结构织物。使每一个单一灯具都是一个独特的部分，并且利用巨大的灵活性来满足特别的设计意图与愿望

图5-22 接力棒，这个由Jos Muller设计的吊灯是由电镀黑和亚光铝所制成的

图5-21 大爆炸，由Enrico Franzolini设计。这个设计是由一个交错的金属条和一个相交织的卤素灯泡组成的。穿插相生的灯罩使光线跳跃在不同的物体上，有着戏剧化的韵律感

图5-23 1900灯笼，由黑古铜及镍制成

图5-24　PH50，可为悬挂下方的台子提供无眩光的灯。1958年由Paul Henningsen以及Louis Poulsen设计推出

图5-26　帝政墙灯，这个墙灯可以有许多不同尺寸

图5-25　Louis Poulsen的设计。金属材质的白色灯罩会将所有的光线集中向下照射

图5-27　乘客，Kevin Reihy设计的吊灯

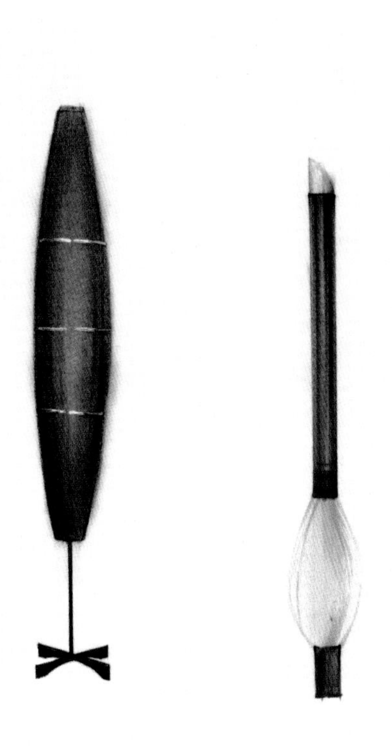

图5-28　左侧为哈瓦那户外灯。一个分离式灯具有一个塑聚乙烯灯罩和一个金属支架。右侧为楼面外观灯

图5-29　松下吸顶灯电子镇流器遥控飞碟

## 第七节　吸顶灯

当室内举架高度没有足够的条件去悬挂吊灯时，那么吸顶灯就是一种解决方案。吸顶灯是直接安装在天花顶面的一种灯型，包括下向投射灯、闪光及全面照明等几种灯型，它的光源主要采用白炽灯和荧光灯，发光效果好，构成整体室内的明亮。缺点是易产生眩光、散光。吸顶灯有带遥控和不带遥控两种。吸顶灯的灯罩材料一般是塑料、有机玻璃、羊皮纸等（图5-29）。

## 第八节　壁灯

安装在墙壁上的灯具叫作壁灯，壁灯大致可分为两大类：一类是传统壁灯，一类现代壁灯。传统壁灯材料多为磨砂黄铜色和暗色的青铜色。它们具有复杂的施工工艺和中性色的色调，很容易融入装饰风格。壁灯所采用的灯源多为白炽灯，也可直接用紧凑型荧光灯替代白炽灯泡（图5-30～图5-41）。

画灯属于壁灯的一种。当然，也正是由于这种鲜

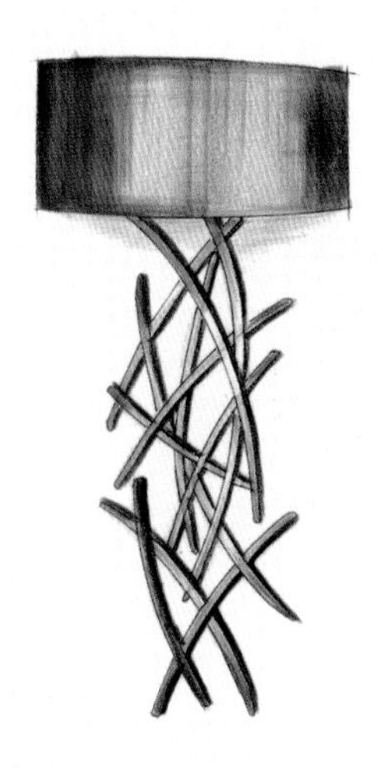

图5-30　弗林，灯具由金色格子状金属和一个半圆形的彩缎灯罩组成。中间色调的灯罩会散发出有亲和力的光线

图5-31　萨托4230，褶皱外观的壁灯

图5-32　四方形墙灯

图5-33　海荚，这个菱形的壁灯由Best and Lloyd Emily Todhunyer设计

图5-34　奥斯丁，手工艺术风格的黑色壁灯，有一个磨砂的玻璃灯罩

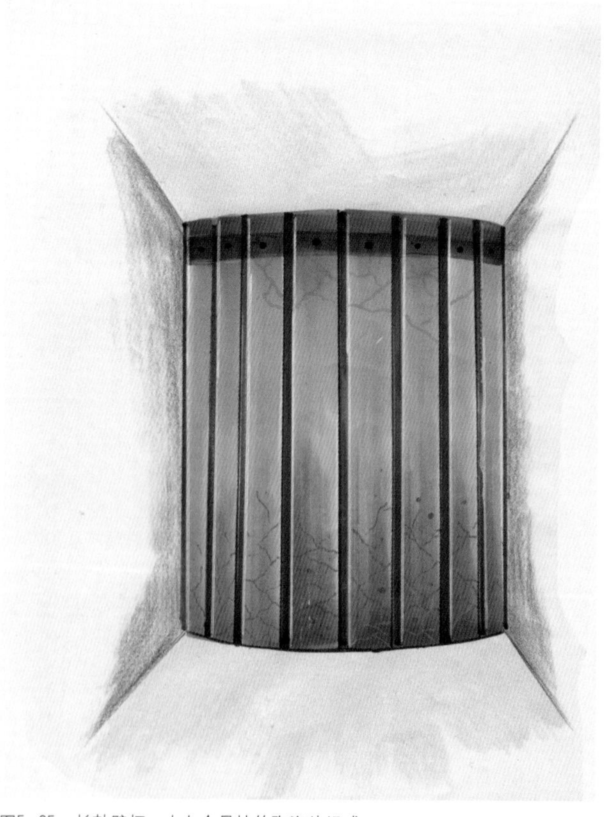

图5-35　长鼓壁灯，由九个悬挂的陶瓷片组成

图5-36、37　布鲁斯克/拉美亚斯，维多利亚风格的可上可下安装灯具。布鲁斯克有一个手工切割的菠萝玻璃灯罩，拉美亚斯的灯罩是手工吹制的

图5-38　雨伞，这个法国式的设计有一个陶瓷制的灯罩

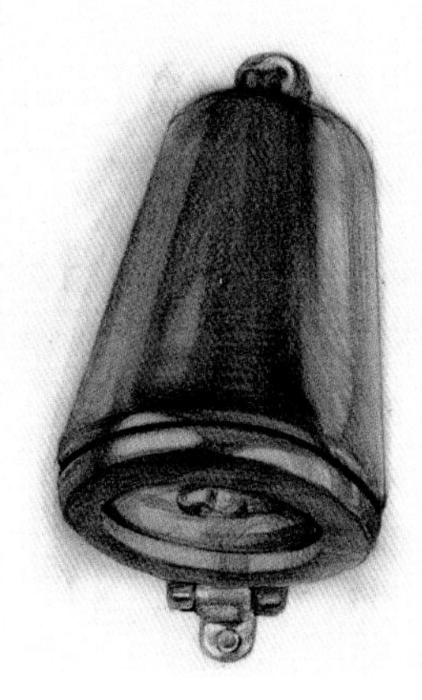

图5-40　斯皮诺可，这个低电压照明灯具很适合照亮下方的墙壁和提供池塘照明

图5-39　这个20世纪40年代的法国壁灯凝结了火炬的动作，并且有一个磨砂玻璃制的灯罩

图5-41　快船灯，这个整齐的墙灯有一个仿古色的红铜外观

明的空间氛围渲染属性，要求我们必须谨慎选择这种灯具，并且根据整体空间和绘画作品的人文艺术风格进行搭配。比如，清淡的水彩画或者素描作品需要相对柔和的光线，而厚重的油画、丙烯画则可以选择更为明亮的灯光。在避免玻璃框产生的任何眩光或者反射光的同时，还要在选择大小上仔细斟酌考虑，根据画作的尺度，选择合适照射范围的灯具。个别时候，也会依照展出者的特殊效果表现需要单独设定，或向灯光设计师咨询（图5−42、图5−43）。

装饰灯具及趣味灯具（图5−44～图5−48）。

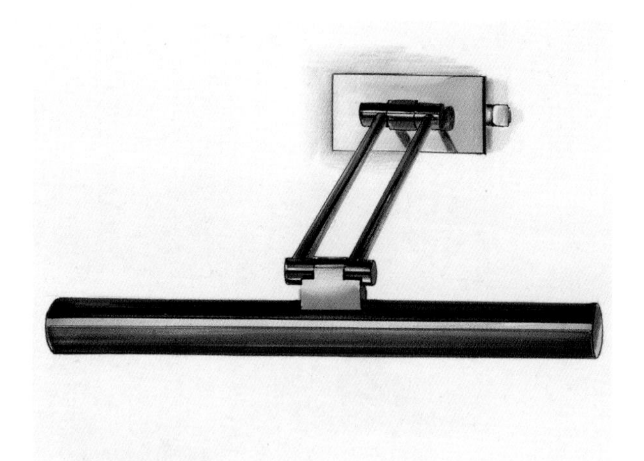

图5−42

图5−43

图5−44　寺罐，这个青华陶瓷罐有一个镀金色的基座

图5−45　绿蜻蜓，这个作品仿制了Clara Driscol的蒂凡尼风格设计——她是该工作室的第一位女性艺术家

图5–46　灯泡台灯，一个大型灯泡造型的台灯

图5–47　玻璃熔岩灯，透明的绿色玻璃底座搭配一个灰色丝质灯罩

图5–48　手工吹制玻璃，法国手工吹制玻璃底座

## 第九节　落地灯

放置在地平面上，可移动的灯型称之为落地灯。落地灯对于角落气氛营造十分实用，落地灯的采光方式多为直接向下直接照明。落地灯多为可调制光源，一般布置在客厅和休息区域，配上休息椅、植物、茶几来调配空间层次、隔断等（图5–49）。

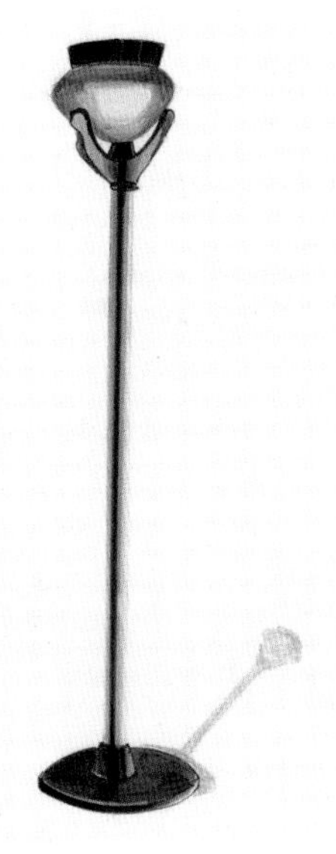

图5–49　幽灵，这个落地灯由Gitta Geschwendiner设计，有一个磨砂镍质基座

## 第十节　台灯

台灯的采光方式是直接向下投射，适合需要精神集中的活动，它能满足空间局部照明和点缀装饰家庭环境的需求。一般分为装饰台灯、工作台灯、学习用的护眼台灯三类（图5−50～图5−58）。

图5−50　橄榄球，Emily Todhunter设计了这个触觉球状的台灯

图5−51　咖啡豆玻璃灯，直椭圆形黄铜色玻璃底座搭配一个褐灰色丝绸灯罩

图5−52　小天使，手工垂直的玻璃，有着烟熏色紫水晶的效果。搭配抛光镍质装饰盒和丝质灯罩

图5−53　阿陀罗，灯罩几乎以悬挂在半空中的姿态出现，这个经典的款式在1977年由Vico Magistretti设计

图5-54　塔利辛，Frank Wright设计，用樱桃木和其他三种不同材料制成

图5-56　多马，这个美妙的装饰派艺术灯具让人回忆起20世纪30年代的酒店和游轮。点亮它时，整个灯体开始发出热量，由灯罩发出光芒，相比直接发光，光亮程度毫不逊色。中型亚当台灯好似堆挤起来的玻璃鹅卵石

图5-55　复古黄铜灯，超薄的双层台灯，装饰有复古黄铜

图5-57　玻璃水滴灯，有各种颜色可选，并搭配相应的圆筒形丝绸灯罩

图5-58 经典的椭圆形灯罩，较深或是较瘦长的椭圆灯罩能够使光从上下两边（或上、下一边）透出，为室内增加一定的环境光，烘托出主光源。与此同时，这种形状的灯罩能够使人们清楚地看到灯罩内部的结构。特别是在空间较小的情况下，椭圆形灯罩是个不错的选择

## 第十一节　书桌灯

任何书桌灯的选择都是为了提供有用的灯光。悬臂式设计可以为需要光照的区域提供亮光。在一些狭小的空间，也可能会需要考虑壁挂式书桌灯。而LED的发展也让书桌灯有了一个更完善的更新。由于LED为点状形态，因此可以不受形状限制，可以根据设计要求做出各种造型，实现一些设计师大胆的创新思维（图5-59）。

图5-59

## 第十二节　标志性照明灯

标志照明是带有发光装置，用高于背景亮度的文字或图形符号构成的一种利用光信号传递分类信息的指示装置，在公共建筑物内部对人们起到引导和提示的作用，按照其功能大可分为以下三大类。

（1）场所设施标志——如商场、酒店中的餐厅、公用电话、卫生间灯、指示灯（图5-60）。

（2）提示性标志——如禁止通行、请勿打扰等。

（3）疏散标志——安全出入口、安全楼梯等（图5-61）。

图5-60

图5-61

## 第十三节　舞台灯

歌舞厅灯光系统可分为舞台灯光、舞池灯光、观众休息区灯光及公共通道灯光等几个部分。那么目前最常见的是按灯具的功能和动作来分类，可把歌舞厅灯具划分为固定型、整体动作型、可移动型三类灯具。

固定型灯具本身是固定结构，按一定规律轮流发光，从而形成一定的艺术效果。常用的有聚光灯、泛光灯、激光灯、紫光灯、彩虹灯、频闪灯、雨灯和边界灯等。

整体动作型灯具俗称转灯，原理就是依靠一台或多台小型电机带动灯具的整体或局部旋转，从而产生丰富多彩的艺术效果。

可移动型灯具是新型灯具，其特点是只装有1～2个高照度灯泡，在内部装设小型电动机，一般由灯控台控制，随着音响节奏来变化光源（图5-62、图5-63）。

图5-63　装饰与艺术照明

### 一、LED舞台灯为影视舞台照明注入新活力

目前影视舞台灯具所使用的光源主要是卤钨灯及气体放电灯（包括低压放电的荧光灯和高强度气体放电的金卤灯、氙灯）等。上述光源虽然在发光性能上满足影视照明的需要，但存在光效低、寿命短、耗电量大、工作不稳定等弱点。随着大功率LED技术的不断深入，国际上将LED产品应用于功能性照明，已经取得了突破性的进展，使得影视舞台照明光源呈现出以LED为主要照明光源的发展趋势。在国外电视演播室、剧场、体育馆等专业照明领域目前已经出现了以大功率LED为照明光源的天幕灯、地排灯、柔光灯等泛光照明产品。据了解，飞利浦开发的影视舞台功能性大功率LED灯具在荷兰电视台新闻演播室、英国电视台的新闻演播室已有应用，但由于产品比较单一，适用面还不是很广（图5-64）。

图5-62

图5-64

现在国内外影视舞台灯具的制造厂商在节能环保的新形势下，已经开始关注这一新兴的潜力应用。目前除了国外一些灯具制造商在努力开发适合于影视舞台照明的各种新型LED灯具产品外，国内也出现了一些积极投入开发和推广LED影视舞台灯的厂家。在2008年11月5日开幕的第十七届北京国际广播电影电视设备展览会（BIRTV2008）上，就有广州雅江光电设备有限公司、北京星光影视设备科技股份有限公司、广州升龙灯光设备有限公司等厂商展出了自行开发的LED影视舞台照明灯具。

## 二、LED影视舞台照明将是节能环保的重要力量

长期以来，照明耗电在各个国家总发电量中一直占很大的比例，欧、美等西方发达国家的照明耗电约占总发电量的20%，我国照明耗电也占到全国总发电量的13%左右。2007年，我国发电总量为32559亿千瓦时，就有约4233亿千瓦时用来照明，为在建三峡水力发电工程投产后年发电能力（847亿千万时）的3.84倍左右。由此可见，照明节电意义重大。

根据发改委公布的数据，目前我国现有演播厅、剧院、演出场所上万家，所采用的传统影视舞台照明灯具功率小则几百瓦，大多数是几千瓦，消耗的电力资源非常巨大。如果将这些功能性照明全部改为高效节能的LED灯，仅此一项每年就可节电600亿千瓦时，减少二氧化碳排放6000万吨。另外LED是冷光源，发热量低，极大地降低了演出场所的环境温度，使得空调机组负荷大幅减少，出现了连带的节能效应。因此全面使用和替换LED影视舞台照明灯具将会对我国节能减排做出重要的贡献（图5-65）。

图5-65

## 三、LED影视舞台照明灯具市场潜力巨大

随着“十一五”规划对于广播电视业数字化发展的重视以及光电行业LED技术的发展，为影视舞台LED照明灯具带来了巨大的发展机遇。2007年影视舞台照明设备的市场容量已经达到24.2亿元，2008年达到27.5亿元，增长速度超过了10%。

目前全国电视台演播室合计有近5000个，此外还有舞台剧场、学校礼堂等许多大功耗的场所近万家。一般情况下，省市级电视台演播室设备更新周期为5年，地方台及其他专用场所更新周期为10年。也就是说每隔5年左右各类省级演播场所设备会有一次较大规模的更换，每隔10年左右各类地方级电视台设备会有一次较大规模的更换。除此之外，文化娱乐场所、影视设备租赁公司也都有更换需求。

## 四、LED影视舞台灯将为用户节省维护使用成本

目前，演出场所采用LED舞台灯的初期安装成本还是要大大高于传统灯具，但维护和使用费用却比传统影视舞台灯要低很多。一只普通的石英卤钨灯泡的螺纹聚光灯寿命仅为750小时，功率为2000瓦，而LED灯的寿命可达到5万小时，达到同样效果的一只LED灯为200瓦，按照每天点亮6小时计算，全年运行费用仅仅是普通螺纹聚光灯的五分之一左右。长此以往，节省的费用不可小觑。另外，由于LED是冷光源，发热很少，也降低了空调的费用，这又节省了一笔不小的支出（表5-1）。

## 五、LED舞台灯光将为观众带来全新的视觉艺术感受（图5-66）

从2007年开始，LED舞台灯光出现在国内舞台上，2008年北京奥运开闭幕式上更是得到全面的应用和展示。可以预见，未来LED将给影视演艺和电视演播厅的灯光运用提供一种全新的表现方式。与传统

表5-1 广州雅江光电设备有限公司对一个1000平方米的演播厅曾做过实际的试验和计算

| 传统灯具名称 | 传统灯运行费用（年） | LED灯运行费（年） |
| --- | --- | --- |
| 螺纹聚光灯×64 | ¥382 720 | ¥67 264 |
| （螺纹聚光灯+换色器）×44 | ¥263 120 | ¥14 432 |
| 1200W染色灯×16 | ¥99 648 | ¥14 448 |
| （P64+换色器）×92 | ¥330 280 | ¥15 640 |
| 地排灯×64 | ¥264 832 | ¥42 048 |
| 1200W Spot×24（不替换） | ¥149 472 | ¥149 472 |
| 天排灯×64 | ¥264 832 | ¥42 048 |
| 观众灯×6 | ¥35 880 | ¥6 306 |
| 追光灯×2（不替换） | ¥11 960 | ¥11 960 |
| 费用合计 | ¥1 802 774 | ¥363 618 |

图5-66

舞台灯相比，LED以其鲜艳的色彩能把空间装点得更加美丽。LED在现代环境艺术设计、舞台艺术设计和室内装饰设计等方面，能够达到光影与艺术的完美结合。微电脑控制的LED舞台灯产品可以随着架设场地和节目的需求，做最快速的光效组合变化，以达到最完美灯光气氛的效果。同时，与现有的舞台LED显示屏相结合，突破舞台的视觉感官的物理性限制，呈现更加精致、更加美轮美奂的震撼影像演出。这对观众来讲是一种全新的感受。

## 六、LED舞台灯前景广阔，仍有不足需改进

作为新的光源技术，目前LED舞台灯具大规模替代传统舞台灯具还需要解决一些技术问题，比如若使用不当会在摄像机前产生眩光、光角不可调等。但这些问题不会阻碍LED舞台灯具被大量应用，因为这些问题将来会在设计、制造、应用等方面不断加以改进，最终LED舞台灯光的艺术效果会更趋完美，更快实现广泛应用（图5-67）。

随着广播影视技术的飞速发展，越来越多的新技术将会被广泛应用。特别是LED技术的加入，将为影视舞台照明注入全新的活力。未来，LED将站在国内

图5-67

外的舞台上尽情展现自己的魅力（图5-68）。

案例：2013年秋天，为国家体育场“鸟巢”量身定制的大型视听驻场秀（演唱会）“鸟巢·吸引”扬帆起航。2013版“鸟巢·吸引”采用超现实主义手法，大量采用先进的光影技术，而主舞台采用“水之涟漪”的理念，打造出可变换、移动及升降的主舞台——涟漪舞台，辅以3600平方米的递进式悬空LED屏，再加上总长度超过13000米的高空威亚设施，使得水陆空的表现形式巧妙地融为一体，进一步重塑鸟巢内部空间，让现场观众获得立体观演体验。此外，此次演出将使用户外全息成像技术，以更好地表现剧中情节。这种全息成像技术在户外演出领域大规模地使用在世界范围内仍属罕见。

图5-68

## 第十四节　办公格栅灯

适合安装在有吊顶的写字间的照明灯具。光源一般是日光灯光，分为嵌入式和吸顶式。

采用进口有机板材料，透光性好，光线均匀柔和，防火性能好，符合环保要求。底盘采用优质冷轧板，表面采用磷化喷塑工艺处理，防腐性能好，不易磨损、褪色。所有塑料配件均采用阻燃材料。

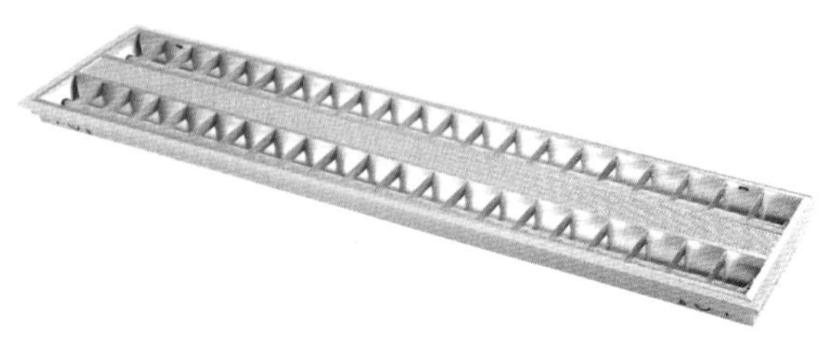

图5-69

镜面铝格栅灯（图5-69），采用进口有机板材料，透光性好，光线均匀柔和，防火性能好。符合环境需求。格栅铝片为镜面铝，深弧形设计，反光效果更佳。

格栅灯规格及尺寸有2×14W、2×21W、3×14W、3×21W、2×28W、3×28W、及600×600mm、600×1200mm（图5-70）。

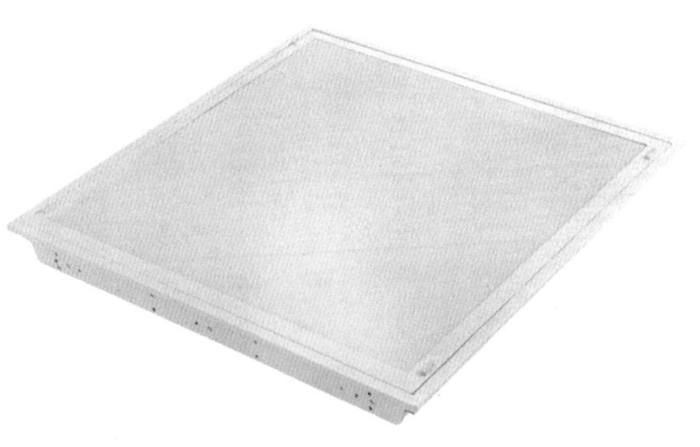

图5-70

科技是奇妙的，一种新科技的诞生和成熟，会带来相关的人文领域的多元化的连带效应。各种照明科技的应用，为我们的室内装饰照明灯具带来几乎可以满足任何想象的改变。改变了灯具的造型、改变了光的空间、改变了人们的心情、改变了室内的一个个小世界的样子。

# 第六章　居室照明环境

## 本章重点 >>

1. 居室照明设计原则。
2. 客厅照明环境。
3. 玄关照明环境。
4. 餐厅照明环境。
5. 卧室照明环境。
6. 书房照明环境。
7. 过廊照明环境。
8. 厨房照明环境。
9. 卫生间、化妆间照明环境。

## 学习目标 >>

了解各种居室空间照明环境的特点、原则、规范，要求具有较高程度的居室照明环境的专业设计能力。

## 建议学时 >>

4学时。

# 第六章　居室照明环境

在现代，人们的主要活动区域都是在室内空间。尤其是人们在社会生活里长期感受到的快节奏、高压力的紧张状态，使人们对私密、家居的家庭环境的需求更加渴望。对于家庭空间氛围的营造，照明设计的作用尤为重要。用各种人性化的室内照明设计打动人们的心灵，为人们提供温馨、美好的家庭空间（图6–1）。

## 第一节　居室照明设计原则

### 1.满足各项功能的照度

居住环境是人们多种活动集中的空间环境，人们在此空间内既要休闲、娱乐，又要工作、学习，所以照明要根据不同的活动要求来考虑，也要根据不同的活动性质来设计光环境（图6–2）。

### 2.保持空间各部分亮度平衡

为创造良好和舒适的光环境和气氛，居室内各处应避免极端的敏感，避免过暗的阴影出现；同时，要注意主要空间和附属空间的亮度平衡和主次关系，过道和走廊不要过于明亮。一般情况下，在房间内采用均匀的照度，空间会变得呆板，反而易失掉安静的环境气氛，因此需要创造光环境中的重点，突出中心感（表6–1）。

卧室、书房、儿童房用读书、学习的局部照

图6–1

图6–2

表6-1　住宅环境和照度标准

| 环境名称 | 我国照度标准（lx） | 日本工业标准29110（lx） | 常用光源 |
|---|---|---|---|
| 客厅 | 30～50 | 30～75 | 白炽灯、荧光灯 |
| 卧室 | 20～50 | 10～30 | 白炽灯 |
| 书房 | 75～150 | 50～100 | 荧光灯 |
| 儿童房 | 30～50 | 75～150 | 白炽灯、荧光灯 |
| 厨房 | 20～50 | 50～100 | 白炽灯 |
| 厕所、浴室 | 10～20 | 50～100 | |
| 楼梯间 | 5～15 | 30～75 | |

明照度分别为300～750lx、500～1000lx、500～1000lx。

3.照明器有一定的装饰性

照明功能是居室光环境设计目的的一个方面，而另一方面就是要具备装饰作用。照明灯具在空间内是最明亮、最突出的物体，造型特点将直接影响人对空间总体装饰风格的理解和把握，所以要根据室内总体设计风格来选择照明灯具。

居室的墙面色彩与灯光效果有着密切的关系。如果室内墙壁是蓝色或绿色，就不宜用日光灯，而应选择带有阳光感的黄色为主调的灯光，这样就可以给人以温暖感；如果墙面是淡黄色或米色，则可使用偏冷的日光灯。因为黄色对冷光源的反射线最短，所以不刺激人的眼睛；如果室内摆了一套栗色或褐色家具，适宜用黄色灯光，可以形成一种广阔的气氛。

如果将天花板涂上淡雅的冷色，并在天花板的四周装暗饰灯，就会使人觉得天花板升高了许多，室内采用全周照明比直接照明空间感更好。采用吸顶灯也会使房间变得高深开阔，并富有现代感，有人用专门制作的正片的风景彩照，配制暗箱灯嵌入壁内，也会扩大房间视野，如果将这种画镜用于室内较暗的墙面，就会使人觉得这面墙又开了一个窗户，分外豁亮，景致宜人。

现代房间的设置常在墙的转角处运用乳白、淡黄色的台灯作装饰和调节照明（图6-3～图6-5）。

图6-3

图6-4

图6-5

4.满足实用功能上的需求

(1) 安装位置适当。安装位置应该是人们易达到的高度和位置，特别是楼梯间内的照明。一般设置壁灯较为适宜，如果设置顶灯，需要安装在易放置梯子的位置。楼梯间内不宜设置发光环境。

(2) 选择易拆装的照明器。选择的照明装置要易拆装。

(3) 开关的位置适当。原则上要在入门处设置房间主要光源的总开关，有时甚至可以把开关设置在房间外部。

(4) 注意安全性。一般家庭成员复杂，特别是有老人或儿童的家庭，就更要注意照明器的安全性。照明器要有足够的保护，避免光源或带电部外露，灯具的开关等操作部分要与光源保持一定距离（图6-6）。

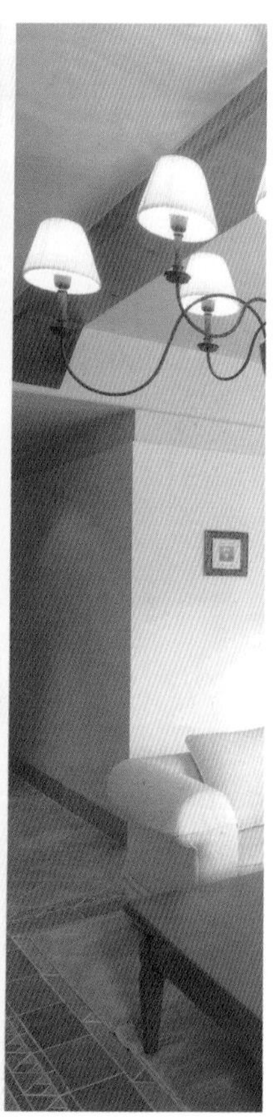

图6-6

5.在室内光环境中，照明设计必须考虑以下五个原则

(1) 要按不同功能的房间设计不同光度，使各项工作和活动能舒适自如地持久进行，而不会感到疲倦。

(2) 必须保证安全，照明用电必须考虑安全措施，在特别危险处还要标注文字和符号，避免意外事故发生。

(3) 照度要适当。既不要让亮度过强，有利于保护视力，还要节约用电。

(4) 光的照射要有利于表现室内结构的轮廓、空间、层次以及家具的立体形象。

(5) 照明强度室内特色装饰的形象。如显示织物、壁画、挂画、室内色彩和地毯图案等。

## 第二节 客厅照明环境

客厅是家庭成员的活动中心，接待客人的社交场所，选用豪华富丽的吊灯较为合适，能使客厅呈现堂皇之气。但在选择吊灯时，一定要从房间的高度考虑。对于较矮的房间，避免造成心理上的压抑。对于较矮的客厅，装修时可以吊一个小天花，装饰多彩的吸顶灯，同时在沙发或茶几旁设置姿态婀娜的落地灯，这样不仅可使客厅显得明快方正，而且具有现代

图6-7

气息（图6−7）。

就整个住宅环境而言，客厅应是亮度最高的区域。在人工光源的设计中，主要考虑基础光源和装饰光源。基础光源是指客厅内的主光源，它能同时照亮室内的每个角落，而且光度均匀，使整个空间宁静祥和。

客厅灯光的照明也应根据需要做适当的选择。一般来说，落地灯、壁灯和台灯用25～40W的白炽灯泡即可。壁灯、台灯若用荧光灯，则用6～8W即可。吊灯和吸顶灯，根据房间的家居布置情况，以满足人们一般活动的照明需要即可。

客厅室内照明设计在直接影响室内环境气氛的同时，还能对居住者的生理和心理产生影响。营造良好的光环境需要技术与艺术的完美结合，应从“以人为本”的设计原则出发，满足居住者身体上、情感上各方面的需求。客厅照明设计应根据其在室内空间环境的使用功能、视觉效果及艺术构思来设计。

在起居室营造宽松氛围的设计中，与其使房间整体明亮，倒不如突出强调部分，使周围或者视觉作业面有明暗对比。因此，墙壁照明比天花板照明更加主要。墙壁最好刷成奶油色，再用白炽灯光照射的墙壁来营造与环境适合的照明。无论在什么情况下，照明灯具的光线都不能直接地射入眼睛，所以对灯具的选择以及安装位置必须注意（图6−8）。

图6−8

无论是一户住宅，还是集合住宅。最近，新兴的需求是能有良好的眺望条件，能从客厅的宽大玻璃窗向外看到美丽的庭院，或是能从高层住宅的窗户俯瞰城市美丽的夜景。在这种情况下，需要考虑住宅内愉快生活的同时，玻璃窗也因照明映出室内情景而影响眺望。

客厅灯光设计主要以照明为主，同时把体现装修艺术与情调灯光效果考虑在内，常见的灯光搭配有以下五种形式（图6−9）。

（1）照明主灯：主要以客厅吊顶的吊灯、吸顶灯、水晶灯等为主，满足主要照明要求。

（2）灯带：光源以T4、T5灯管为多，常见颜色有橙色、白色、红色、蓝色、绿色；主要起到吊顶、背景墙的效果渲染、烘托的作用。

（3）射灯：一般用于照射墙面、地面局部空间，对装修效果有画龙点睛的作用，一般出现在装饰画、背景墙、隔断墙以及工艺品展示架等位置。

（4）台灯、落地灯：这类灯具造型丰富，灯光气氛温馨，自身就是不错的软装饰品，一般作为阅读、观看电视期间的辅助照明功能。

（5）地灯：这类灯具虽然使用较少，但可以根据个人生活习惯选择，如家里有老人、有晚间上卫生间习惯的家庭可以在门廊、客厅等适合位置上设置地灯。

装修材质的色彩是固有的，只有配上合适的照明，才能更好地体现出质感。客厅的照明配置会运用“主照明”和“辅助照明”的灯光交互搭配，来营造

图6–9

中灯光不宜太杂，要尽可能映出一种统一的气氛。在考虑光色配置的季节性时，夏天可选用冷色的统一光源，冬天则适用暖色的光源。

## 第三节 玄关照明环境

玄关原指佛教的入道之门，现泛指厅堂的外门，也就是居室入口的一个区域。源于日本，专指在室内与室外之间的一个过渡空间（图6–10）。

这里的灯使用频率最高，灯光决定了来访者对主人的第一印象如何。玄关的光线应该明亮且友好，同时要考虑到功能性和实用性。因为这里的灯需要经常开关，可以考虑安装声控开关，一方面节省电量，同时保证方便。临出门前，还可能在这里找钥匙，照镜子整理衣冠等，所以光线还要有足够的亮度并且能准确照到各种物品，这样才能节省出门的时间。

图6–10

客厅的氛围。主照明提供客厅空间大面积的光源，通常担任此任务的光源来自上方的吊灯、吸顶灯和日光灯等。依主人的喜好可以有不同风格的搭配，如气派豪华的雪花石吊灯、水晶灯，富丽堂皇的金黄色装饰灯等都是不错的选择。为增强客厅灯光照明效果，很多设计师还会选择各色灯带，如利用白色自然光灯带增加居室的时尚感，利用米黄灯带营造温馨感，而蓝色、紫色则能营造出神秘的色彩感觉。而一些尺寸较小的灯具，如壁灯、射灯、筒灯等，则作为辅助照明，加强光线层次感，突出局部材质或饰物。

白炽灯光是淡黄色，荧光灯有日光色、冷白色、暖白色等，灯罩通过光线的照射，也会产生一定的光色，在配置灯光时，应考虑使用或装饰的不同要求来选用不同的光色。光色还可以随季节、室温的变化来变换，随房间的大小和使用要求不同来变换，而客厅

## 第四节　餐厅照明环境

用餐环境的好坏，除了与餐厅空间的设计和陈设有关之外，光线更是不容忽视的重要一环（图6–11）。

餐厅内照明采用局部照明和一般照明相结合的方式。局部照明要采用直线照明方式，灯具悬挂在餐桌上方，以突出餐桌表面为目的。局部照明灯具内所选用的光源，其显色性应良好，呈偏暖色，这样才能使色泽看来更鲜亮，更有食欲。而餐厅的照明，要求色调柔和、宁静、有足够的亮度，不但供家人能够清楚地看到食物，而且要与周围的环境和餐具等相匹配，构成一种视觉上的美感。目前适合餐厅使用的光源主要有两种：白炽灯和荧光灯。

图6–11

### 1.餐厅光颜色选择

在家居照明设计中，餐厅光环境的好坏，对人们的进餐情绪有着不容忽视的影响。灯光的颜色一般不会给人留下太深的印象。在选购时，人们也许只注意了它的功率，而很少关心它的光色。在生活中，光色对营造室内气氛具有十分重要的作用，特别是在餐厅环境中，灯光的颜色能刺激人的食欲，因此选择灯光的颜色是餐厅光环境设计意向中十分重要的工作。餐厅的灯光为了促进人们进餐的食欲，在光色上一般使用照度较高的暖色光，以暖色光的白炽灯最适宜。普通荧光灯颜色偏蓝，就餐时使用会在视觉上感觉舒服，应尽可能避免使用（图6–12）。

图6–12

### 2.餐厅光照要求

餐厅是家庭对外交流的重要处所，既要为主人对话、娱乐和与朋友聚会所使用，同时也能体现主人的爱好和审美情趣，所以餐厅的光照设计一定要慎重考虑，精心安排。餐厅光照首选一般照明，使整个房间有一定程度的明亮度，显示出清洁感，同时还需配置局部照明，一般采用悬挂式灯具，以突出餐桌的效果为目的。桌面的照度要求更高，以保证局部空间的照明足以适应细致工作的需要，局部照明避免使用荧光灯，因荧光灯的频闪容易使人的眼睛疲劳，而且影响亮度，还会因光线太强而影响到食物的颜色，降低人们的食欲。灯具的位置应超过人们的工作或就餐时眼睛的高度，否则会造成眩光（图6–13）。

人们就餐主要在餐厅进行，有时也在厨房的吧台或平台屋顶进行。所以，在设计上要用高显色性照明光源，尽可能使周围的照度能突出餐桌上的食品。尤其要使餐厅的照明突出显现烹饪的美味。一般餐厅的餐桌上方安装白炽灯或吊灯。吊灯的大小是长方形餐桌长度的1/3左右（圆形餐桌大约是直径的一半）。如果是6人或8人使用的餐桌，可以选购2～3盏小型灯具，这样有利于视觉的平衡。餐桌上方不仅可以用吊灯光源，还可以根据餐桌的设计使用射灯，有时甚至是蜡烛。

## 第五节　卧室照明环境

睡眠本来是不需要照明的，但是人们往往还想在睡觉前稍微看一会儿书或电视，以及卸妆等。现代卧室广泛应用各种照明方式和新式灯具，以保证良好的照明质量，同时也起到渲染卧室情调、美化卧室环境的作用。目前，普遍采用的是混合照明方式。整体亮度建议为10～30lx。床头柜、写字台、梳妆台等采用局部的直射光照明，卧室环境照明则采用反射光或混合光。卧室环境照明有的用显露的壁灯、吊灯、吸顶灯，但更多的是应用各种隐蔽的嵌入式暗灯。它们发出特定的柔和的光色，给卧室笼罩特定的情调。一些现代豪华的卧室，不采用局部发光顶棚、发光墙面等做法，代之以精美灯具，也对卧室的风格、情调起着重要的作用（图6–14）。

看书最好选用床边伞形台灯，对需要更加明亮的照明的人来说，在设有感到有眩光的位置用聚光型筒灯，或将配有反光罩的台灯放置在床边时，会使读物表面清晰明亮。但是，无论采用哪一种照明，过分明亮的话，会妨碍睡眠，对此要引起注意。特别是婴幼儿长期生活在这种环境下，长大后眼睛往往容易近

图6–13

图6–14

视。所以，卧室要尽可能暗一些，这是美国宾夕法尼亚大学（Pennsylvania University）的研究报告得出的结论。另外旁边若有想睡觉的人，还必须考虑选择和配置的灯具要使灯光尽可能不照到他人（图6-15）。

图6-15

在看电视时，如电视画面背景较暗，或画面与背景的深度对比过于强烈，会影响观看的视觉效果。在实际操作中，背景照度应稍微明亮一些。

### 1.人工光源在卧室中运用

光源是装饰陈设卧室的重要手段，并被广泛运用到实际的卧室装饰。一个卧室的光环境，能强化空间的表现力，增强卧室的艺术效果，使人对卧室产生亲切感、舒适感，光源在卧室中的合理配置是非常重要的。

人工光源运用在卧室装饰陈设中的实例非常多。如果卧室的墙面在结构设计中凹凸起伏比较明显，那么大可不必在墙上做过分的装饰，而应采取人工光源作为装饰手段，利用光照来强化墙的变化，在墙上灵活地利用光和影的变化，可以使卧室墙面在平淡中产生神奇的效果。人工光源的另一种装饰手段是利用光线的轮廓墙面较近的顶上装筒灯或射灯照射在平的墙面上，可产生一个连续的半弧曲线，这本身就是一种很好的装饰，还有使用一个上面不封口的筒状台灯或壁灯，会产生上下两个弧线光影，装饰效果十分理想。光线还可以通过漫反射的方式营造卧室环境，产生柔和、梦幻般的气氛。这点在卧室的装饰中十分必要。卧室气氛的营造是与光源的处理分不开的，可见光源处理是否得当会直接影响整个卧室的陈设（图6-16）。

图6-16

### 2.自然光源在卧室中运用

自然光源进入卧室的主要途径是窗，因此在窗上要充分利用自然光源，以获得我们想要的装饰效果。大家知道，太阳在一天之内的日照角是不同的，同时日光颜色从早到晚也在不断变换。根据这些变化，就可以通过开窗方式来限定自然光进入卧室的途径，使之产生丰富的变化。例如在窗子上挂横向的百叶窗帘，在阳光的照射下，卧室内产生一条条的影子，如果百叶窗帘是有颜色的，如淡淡的粉红、粉绿，则室内产生的效果会更有诗情画意，这也是许多年轻人喜欢的一种卧室气氛。再有，在卧室悬挂半透明的纱质窗帘，也会产生朦胧的光线效果。

图6-17

图6-18

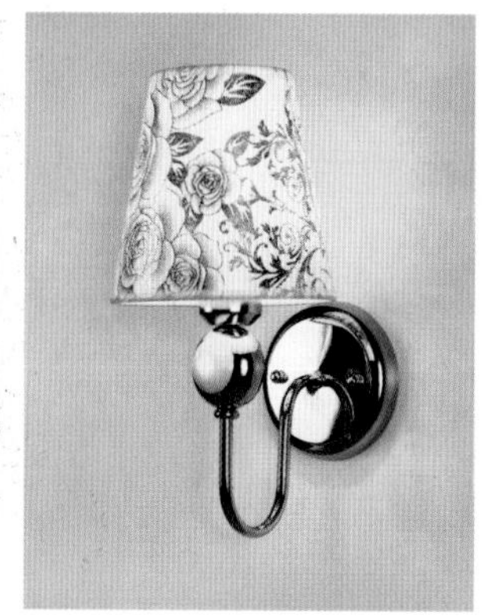
图6-19

3.卧室灯具选择运用

卧室中常用的灯具有嵌顶灯、吸顶灯、壁灯、活动灯具等。在运用中分述如下。

（1）嵌顶灯：嵌装在天花板的隐置灯具，灯口与天花板衔接，所有的光线向下投射，可以用不同的灯泡、镜片以取得不同的效果。就其投射范围而言，广角度适于普遍照明，中角度适于特定照明，窄角度多用于桌面局部照明（图6-17）。

（2）吸顶灯：直接安装于天花板下方，多用于普遍照明，因其外形不像吊灯般笨重，因此在卧室中较易被接受（图6-18）。

（3）壁灯：装于墙壁上，可用作局部照明，如梳妆台、床头柜或工艺摆设的强调位置（图6-19）。

（4）放置型灯具：即台灯、落地灯等可以移动的灯具。台灯可供阅读、书写局部照明，也有装饰作用。落地灯常用于阅读、妇女编织或一般的休闲之处。

卧室的采光是否使人感觉舒适、温馨，这要看是否与使用环境的功能要求、气氛、意境相适宜，是否服从于整体效果，并相对于个人或家庭来说是合适的，这样才能称之为完美的光环境。

## 第六节　书房照明环境

书房的环境应是文雅幽静、简洁明快。但在高度信息化的社会，视觉作业往往是以操作计算机为中心的，且高密度化越来越严重，从而造成用眼过度。为缓解眼睛的疲劳，对于照明和采光的要求很高，在力求视觉作业方面获得充分照度的同时，还需注意周围环境的照明也不可过于昏暗。尤其当作业者是老年人时，更要考虑照明的质量。例如，根据显示屏画面的灰度不同，电子显示器和液晶显示器画面的亮度应在100～500lx，稿件和键盘面上的照度应在300～1000lx（图6-20、图6-21）。

书房照明应有利于人们精力充沛地学习和工作，光线要柔和明亮，要避免眩光。书房的主体照明可选用乳白色罩的白炽吊灯，安装在书房中央。另在书桌上设置一盏台灯作为局部照明，以供阅读和写作之用。书房照明主要以满足阅读、写作和学习之用，故以局部灯光照明为主。为了营造这样一个环境，在书房的布置上，首先一定要考虑功能性，要全面考虑光源这个如魔术般变幻的东西。它既可以制造各种风格和品位的情调，又为读书、写字等日常工作提供照明条件。在装饰书房时，一定要考虑光的局部照明功能这个特点，才能使书房的特性显现出来。任何别出心裁的光的照明和多余、累赘的辅助光，都会带来适得其反的效果。

周围照明与作业面照明相结合称为“环境、工作照明”，这些光源的色温最好尽可能统一。色温相差太大的话，会产生适应问题，造成眼睛疲劳。

所以，书房灯具的选择首先要以保护视力为基

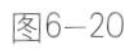
图6-20

图6-21

准。从人的视觉功能和书房照明的要求来看，要使灯光能起到保护视力的作用，除了人的生理、健康和用眼卫生等因素外，必须使灯具的主要照射面与非主要照射面的照度比为10：1左右，这才适合人的视觉要求。另外，要使照度达到150lx以上，才能满足书写照明的要求。一般的阅读和书写时常采用较高照度的局部照明，一般照明也需具有相当的照度，局部照明宜能调整亮度。

另外，在排除造成视觉降低的眩光的同时，还要为因连续视觉作业而造成的眼疲劳配置休息照明，用简洁照明等营造使眼睛得到休息的气氛，尽可能消除眼睛的负担。在色彩上，书房环境的颜色、家具的颜色和灯光的颜色多使用冷色调，这有助于人的心境平和，缓解紧张压力作业而产生的视觉疲劳。由于书房是长时间使用的场所，应多用明亮的无彩色或灰棕色等中性颜色，忌用强烈刺激的彩色灯泡，如红色、绿色、黄色等，这些颜色会使人紧张从而加重视觉、精神负担。白炽灯泡光线柔和，荧光灯稍刺眼，但也是不错的选择，它的冷色调有助于人们调整情绪，清醒用脑。在灯具形式的选择上，可偏重于强调个性，这是主人自由挥洒之处。崇尚传统风格的人，可设置一些传统味道较浓的灯具，如古典灯具，将尽显古朴风情。倘若是装饰整齐、大方、优雅的现代格局，使之成为主人思考完毕放松紧张情绪、沉醉于优美旋律的地方。可装点上线条简洁、流畅的具有现代设计风格的灯具，旁边摆放一些常青植物和鲜花，将散发出无限诱人的温馨气息，与明快的设计风格相适宜，截然不同的现代人的书房即可呈现出来。

## 第七节　过廊照明环境

过廊作为室内平时人员流动的通道，是室内空间必不可少的组成部分。作为一个人员流动而非长期工作或停留的场所，人们对走廊照明的要求不高，“亮一点、暗一点都无所谓”。设计人员在布灯时往往是凭感觉布几盏灯，很少仔细斟酌照度够不够。另一方面，由于灯具厂家不能提供灯具的配光曲线或相关的技术数据，因此也缺乏基本的计算条件。这样凭感觉布灯的后果往往是实际情况与规范的要求有很大的差距，而走廊和楼梯间应急照明的照度是强制性条文的要求，必须谨慎对待。笔者认为有必要探讨过廊和楼梯间的照明设计问题，希望通过具代表性的案例，得到一些普遍适用的结论（图6–22）。

图6–22

过廊照明是为行走安全而设计采光和照明。过廊有直接、旋绕、折回类型，根据其不同的形态，为了使光线充分照射在过廊上，并考虑到能较容易地检查、保养灯泡和灯具等因素，选定灯具和灯具安装位置时将会受到一定的限制。

一般情况下，过廊的侧面墙壁和过廊中的空间，要选择安装具有散射配光的壁灯。这样，过廊面上就不会产生明显的人影，就会得到安全的照明。

除了壁灯，在过廊附近的天花板上也经常安装筒灯。在有老年人的家里，有必要开启不过分明亮的、引导走向卫生间通道的提示灯。

集合住宅的通道、门口处要安装脚下安全照明，当然，还有必要营造一个防止坏人侵入的氛围。另外，彻夜长明的照明灯具建议选择使用寿命较长的荧光灯。

图6–23

## 第八节　厨房照明环境

厨房是女主人的活动场所，其照明要以功能多为目的，并且有一个愉快而有效的工作环境。厨房的空间形态根据作业动线和作业效率可分为二列型、L型、U型、弩型等。应在加强照明布局式样的同时，考虑选定的配置灯具（图6–23、图6–24）。

图6–24

烹调基本上是需要用眼很多的一种作业。要求区别不用颜色的调味料，洗刷时细小污垢也不容放过，所以要有高显色性。因此，水槽和作业台的上方如果兼有橱柜的话，可以采用内置的直管型荧光灯。

其次，厨房的灯具应以功能性为主，外形大方简约，且便于打扫清洁。也就是说，材料应选用不易氧化和不易生锈的，或选有表面保护层的较好。而且不要只在厨房中央安装单独一个照明光源，为了厨房照明更完善，方便烹饪操作，应该在厨房中安装一个由不同的灯具和光源组成的多层次的照明系统。

另外，为了避免水槽和厨房电气的反射光，避免作业面上和收藏柜内部的手阴影，还必须注意照明灯具的位置配光。安装位置也很重要。直线形的白炽灯或者是荧光灯应该安装在朝向橱柜的前面部分。这样，灯发出的部分光会射向后挡板，然后反射到操作台上，再射向整个厨房的中心。也可以在橱柜上方安装照明装置用于间接照明，比如小射灯照在橱柜的上部，不仅不会刺眼，而且方便取物。

最后，厨房配置三基色荧光灯管，既创造明亮的环境，又可使食物的自然色彩得到真实再现，创造出明亮舒适的厨房操作环境。

要点1：可在最上层的橱柜低点的地方安装灯具，减少工作时的阴影。

要点2：直线形的白炽灯或者荧光灯应该安装在朝向橱柜的前面部分。也可以在橱柜上方安装照明装置用于间接照明，如小射灯。

要点3：厨房的照明系统应该设置成可调节的，当感觉灯光暗淡或者是刺眼的时候，可以进行调整。这样也会感觉更舒服、更自在。

图6-25

图6-26

## 第九节　卫生间、化妆间照明环境

卫生间除了有洗浴、方便的功能外，还是一个缓解身体疲劳、消除精神疲劳的场所，所以要用明亮柔和的光线均匀地照亮整个空间（图6-25、图6-26）。

化妆打扮时，照明基本上可以说是镜子的照明。首先考虑如何使映入镜中的身姿和颜面亮丽地表现出来。照明灯具一定要安装在镜子的上面、或在镜子的两侧安装有整体散射型的白炽灯作壁灯，这样才能确保面目的照度和颜色，凭借丰富的阴影表现美丽的容颜。

近年来，也有用两盏配有镜子的筒灯来作为镜子照明的，由于明显的阴影会使对面部的视觉失常，所以，要尽可能采用散射型配光的灯具，使光线照射在墙壁和洗脸池上面，利用这种反射光照亮人的面部。当然，也有使用荧光灯照明的，但是会无明暗、无反差，使阴影表现欠佳，所以建议最好与白炽灯混合使用。另外，穿衣镜照明最好用筒灯等，达到能一直照亮脚下的照亮程度为合适。

浴室照明环境应该力求营造一个清洁但具有明亮感的氛围（图6–27、图6–28）。由于在浴室里容易积聚湿气，要选择防湿型灯具，多采用乳白色球形或配有灯罩的白炽灯。配置灯具时还要考虑到洗浴时人影不能映在窗户上，淋浴喷头不能与灯具相碰撞，灯具最好安装在瓷砖的接缝处等。

浴室卫生间照明设计要由两个区域组成，一是沐浴区域，二是梳洗区域。

沐浴区域包括淋浴空间和浴盆、坐厕等空间，大多以柔和的光线为主。照度要求并不高，但要求光线细腻、均匀。除此之外，防水功能、散热功能和不易积水的结构也对光源本身提出了要求。一般光源设计在棚顶和墙壁上。其实很多情况下，浴室吸顶的风机中的光线较暗，未必能达到理想的照度，再加上浴霸的强光发热光线太强，都不能和浴室照明完美匹配。所以，应当有专门的照明光源来解决问题。一般在5平方米的空间里要用相当于60W的光源进行照明。而对光线的显色指数要求不高，白炽灯、荧光灯、气体灯都可以。相对来讲，我们比较主张墙面光，这样可以减少顶光源带来的阴影效应。光源最好离近身体些，只要水源碰不到就可以。

梳洗区域由于有化妆功能要求，对光源的显色指数有较高的要求，一般只能是白炽灯或显色性较好的高档光源。如三基色荧光灯、暖色荧光灯等。由于对照度和光线角度要求也较高。最好是布置在化妆镜的两侧，其次是上方位置，一般相当于60W以上的白炽灯的亮度。而最理想的布置是在镜子周围呈线性设计一排灯具。

此外，高档的卫生间还应该有部分背景光，可放在卫生柜（架）内和部分地坪内以增加气氛。其中地坪下的光源要注意防水要求。卫生间除了以上光源外还有电话、背景音乐、小型电视、毛巾烘干栏、电子秤等设备。在有些卫生间，主人还要求放洗衣机等。这些都可以实现。需要注意的是防潮这个关键问题，务必谨慎设计，马虎不得（图6–29）。

好的光照质量，不仅能表现空间、完善空间，还能创造空间。因而现代室内的光照环境设计通过运用光的无穷变幻和颇具魅力的特殊材料来创造、表现、强调、烘托、精练空间感所取得的多层次性效果是其他设计手法所无法比拟也不可替代的。室内光源各项性能及其不同空间尺度内应用的研究也变得日益重要，以此为人类创造更好的生活环境。

图6–27

图6–28

图6–29

# 第七章　办公空间照明环境

**本章重点** 》
不同公共空间的照明环境介绍、阐释、说明。

**学习目标** 》
明确各类型的办公空间环境情况，并掌握与其相对应的照明设计知识与能力，使照明设计可以更好地服务于办公空间的功能需要。

**建议学时** 》
4学时。

# 第七章　办公空间照明环境

人类社会的生产价值创造的场所就是各种办公的空间，这里提供的驱动力有力地推动着社会向着繁荣、进步稳步前进。对于办公空间的照明环境设计具有更加重要与多元化的价值，与人类的社会发展之间产生了紧密的联系（图7–1）。

图7–1

## 第一节　商场照明环境

商场里的基础照明，其功能首先是确保基本的明亮程度。通过基础照明将空间的整体明度和灯光的氛围调整好后，就可以加入聚光灯和射灯的照明亮度来完成整个场景的规划。一般来说，明度多指平面照度，但在商场的照明设计中，垂直面照度也要考量，同时展示点的明度规划也相当重要。设计商场内的灯光明度时，要从以下三点来考虑。

水平面照度：对放置在地面上或水平摆放在商场的照度。

垂直面照度：对墙壁以及置于墙壁上的商品的照度。垂直面照度在很大程度上直接影响整个空间的明亮感。

视亮点照明（空间光照度）：特别能吸引目光的视点照明，它能产生直接照明所具有的耀眼感和间接照明所具有的明亮感。

商品照明的照度变化。在向下灯光和墙壁照明构成的基础照明中，聚光灯发挥着表现某些商品细部的作用。聚光灯使空间的明度发生变化，同时也突出了主要商品，激发了消费者的购买欲望。

灯光的明度变化。从商场整体看，将聚光灯和基础照明的明度保持在3：1～6：1的范围，就能使整个灯光照明环境具有相应的明暗变化和视觉节奏感。

### 一、商场营业厅的光环境

#### 1.商业照明设计特点

(1) 吸引力

商品的可见度和吸引力是十分重要的。对特定物体进行照明，提升它们的外在形象，强调它们的存在感，使它们成为注意的焦点（图7–2）。

(2) 舒适的光环境

为了吸引顾客，商场必须创造一个舒适的光环境，顾客购物时如果感觉舒适，就会停留更长的时间，花更多的钱，并乐于一次又一次地重复消费，优质的照明能够激发情绪和对商场及商品的正面心理感受，进而加强商场的品牌魅力。

#### 2.商业照明设计原则

一个优秀的商店照明设计，不但要有提供整体照明背景的一般照明，更要有突出商品的重点照明。一个完全柔和的环境并不能有效地促进销售，这个不是简单的因人而异的问题，这是因为人类的大脑会漠视

图7-2

没有刺激感的事物，而变化的刺激则会让大脑兴奋。但是太多商品都在刺激你，你也会觉得心烦意乱。因此，商店应该在每个区域设计少量的亮点，来吸引顾客注意。

人类的视角超过180°，可是人类的视野是有焦点的，位于中心视线的区域。距眼睛距离等于手臂长短距离时，人的焦点区域只相当于指甲大小。眼睛会在我们的视野中，非常自然地选择更明亮的物体，这依赖增强照明来实现。人类眼睛的运作方式是从一个固定的点转向另一个固定的点，所以照明设计师必须关注如何使人们的目光凝视于想展示的关键物体之上，运用明暗的对比可以强有力地提高人们自然的好奇心。

(1) 照明的亮度分配比例

商品照明各部分宜采取不同比例的照度值，一般应从门口向店内逐步提高亮度的比例，以便吸引顾客和起诱导作用，店前照明靠店头照明、橱窗照明、广告栏照明、立面照明等。入口照明不宜过高，以便使顾客感到室内明快；立面照明不宜过亮，设计成光图案和广告照明的做法，更具有吸引力；橱窗照明亮度采用店内亮度的3～6倍（店内流动区定为1），能够增加商品的立体感、质感、色彩鲜艳等；店内侧壁亮度为2，墙上反光是一种烘托手法，提高室内亮度，可采用射灯或荧光灯等；店内正面最里亮度为最高（2～3倍为好）；店内的一般销售区亮度为1.5～2倍，重点陈列商品和模特儿处，可提高到3～6倍。

(2) 店外照明设计手法

店外照明对商店形象十分重要，要求新颖有特色，引发联想，加强记忆等。可采用比邻店外部照明更亮、色彩更丰富的光源照明；采用更醒目的电气照明标志；采用立面泛光照明等。立面泛光照明不要采用普照，采用分层、分颜色横向纵向设计成图案为好。

一般传统的营业厅照度为300lx，自助商场和一些商品的展示室的照度为500lx，超市为750lx。营业厅的光环境设计包括一般照明、重点照明和装饰照明三种。

①一般照明

在营业厅光环境设计中，一般照明可按水平照度计算，但对服装、货架上的商品，应考虑垂直面上的照度。对于营业厅光环境设计，应充分使用照明起到功能作用，在自然光下显示使用的商品，以高显色性光源、高照度水平为宜，而室内照明下显示使用的商品，可用荧光灯、白炽灯或其他混光照明。

a.一般照明没有方向性，在店内商品配置改变时，灯具配置不需变更，具有灵活性和适应性；

b.店内应有大致一样的亮度，尽量减少暗的场所；

c.商品摆放的密度越高，要求照明的均匀性越高；

d.在基础照明与重点照明并用的场所，必须采用一定数量的基础照明；

e.基础照明应选择显色指数较高的光源，尤其对需要识别颜色的商品（图7-3）。

图7-3

②重点照明

重点照明是指对主要场所和对象进行重点布光，目的在于增强顾客对该商品的注意力。其亮度与商品种类、形状、展览方式以及周围空间的基本照明相匹配。在使用重点照明时，一般使用强光来加强商品表面的光泽，强调商品形象，使其亮度是基本照明的3～5倍。为了凸显商品的立体感和质感，常使用方向性强的橙光照明器和利用色光以强调特定的部分。

重点照明经常采用的光源是白炽灯、卤钨灯、金属卤化物灯和白色高压钠灯。光环境设计时采用非对称的配光照明器。光源应采用含色光成分高的光源，常用低压卤钨灯、反射式白炽灯、小功率金属卤化物灯等。如肉类或肉类加工的食品应采用白炽灯作重点照明，它所含红光成分多，在比较讲究的饮食店内，餐厅或包间也应以白炽灯为主，以便增加食品的色泽和客人的食欲。

③装饰照明

装饰照明可对室内进行装饰，增加空间层次，制造环境气氛。主要目的是活跃店内气氛，加深顾客印象。装饰照明通常使用装饰吊灯、壁灯、挂灯等形式统一的系列照明器，使室内繁华而不杂乱，渲染了室内环境气氛，更好地表现具有强烈个性的空间艺术装饰照明，但不能兼做一般照明和重点照明。

### 3.商业展示空间中的照明设计技法

(1) 商业展示空间及其照明设计的独特性

商业展示空间是以招徕顾客、诠释展品、宣传主题为意图的，它的主体是展品。从广义上说，这个展品不光是指展示的实物，还包含了展示空间本身。由于展示空间需要表达展品的形象特色，所以其整个室内设计包括照明设计都需要有个性化、风格化的特色手法。

由于商业展示空间很明确、很重要的一个意图是招徕顾客或消费者，所以其照明设计最重要的作用之一是吸引视线。照明系统产生的明亮夺目的光线本来就有这种效果，但如果很多商业展示空间争放光芒的时候，这种效果就会减弱，只有更特别一些的照明效果（比如动态灯光、彩色灯光以及造型独特的灯具等），才能再次把顾客的注意力吸引过来。

通常，商业展示空间中狭义的展品即商品是表达的关键所在，所以对空间内所有的商品都能提供有效的照明是首要部分，在此基础上再针对一些重点商品（如新产品、经典产品或特价商品等）设计出特色化的展示性照明，使得整个照明效果在整体感中不乏层次感。另外，作为商业展示空间，方便消费者的参观与购买过程也是不容忽视的重要设计考量之一（图7-4）。

其间的照明设计应为消费者的参观路线负有导引和照明的作用，并为其后的购买行为提供合适的作业照明。如果条件允许，可以考虑通过直接引入天然光来增加店内的采光，这样既经济环保，光线又自然柔和。毋庸置疑，少量多区间的采光方式永远比多量少区间的方式要好，但出于另一方面的考虑，设计师需

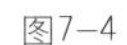
图7-4

图7-5

要找到一个灯具数量与柔和度的平衡点。

商业展示空间照明与其他类型建筑照明的主要区别在于，展示商品主要是针对垂直面来进行考虑，而不是通常所考虑的水平面。因此，在照明设计上要避免那种很集中的下射光，如紧凑型荧光灯或是HID灯（高强度气体放电灯）的下射式照明，这样光束很容易集中在水平面上；而普通的下照式荧光灯能形成足够多的漫反射光，产生良好的垂直面照明效果。

从以上分析可以看出，商业展示空间由于其自身的功用与特点，决定了它的照明设计除了需要考虑功能性以外，更需要突出照明设计的艺术性表达，以此来强化环境特色，塑造展示主体形象，从而达到吸引消费者、树立品牌形象的目的。

(2) 照明设计的艺术性表达

①分层次照明的设计原则

分层次设计原则能让人更好地理解照明设计，并实现照明所需要的整体性和美学效果（图7-5）。

a.环境光层次。环境照明的任务是为室内空间提供整体照明，它不针对特定的目标，而是提供空间中的光线，使人能在空间中活动，满足基本的视觉识别要求。对于商业展示空间来说，为强调展示空间本身的设计风格与特色，其环境照明一般采用隐蔽式的灯槽或镶嵌灯具；而荧光灯和紧凑型荧光灯也因其较高的光效和几近完美的显色性能成为其首选。有些展示空间如首饰展示空间为获得一种戏剧性效果，则有意加大环境光照与重点照明的对比度，以此来强调商品、营造氛围。

b.重点照明层次。顾名思义，重点照明是起强调、突出作用的，其主要目的是为了照亮物品和展示物品，如艺术品、装饰细部、商品展示和标识等。多数情况下，它具有可调性，轨道灯可能是其最常见的形式——具有可调性的照明，能适应不断变化的展示要求，比如展品空间位置上的变化、装饰的变化等。另外，洗墙灯、聚光灯等也是常用的重点照明灯具。

c.作业照明层次。这是为了满足空间场所的视觉作业要求而作的照明，因环境场所、工作性质的不同而对灯具和照度水平有不同的要求，如专业画室要求照度水平较高且柔和，不能产生眩光，对灯具的显色性能也有较高的要求；而停车场、库房等场所，则对照明的光色要求均不高。其间基本的原则是在满足作业要求的前提下，尽可能减少能耗。就商业展示空间来说，其作业照明主要是考虑商品货物的存储、清洁工作、销售结算收款等作业的顺利进行。在很多此类空间的设计中，经常是在接待台的上方设置造型特点鲜明的吊灯，既便于作业，又配合了展示空间的特点，同时也为顾客提供了一定的导引作用。

d.装饰照明层次。装饰照明是以吸引视线和炫耀风格或财富为目的的，主要意图就是为空间提供装饰，并在室内设计和为环境赋予主题等方面扮演重要角色。关于商业展示空间的装饰照明，主要体现在以下几个方面。一是灯具本身的空间造型及其照明方式；二是灯光本身的色彩及光影变化所产生的装饰效果；三是灯光与空间和材质表面配合所产生的装饰效果；再就是一些特殊的、新颖的先进照明技术的应用所带来的与众不同的装饰效果。装饰照明对于表现空间风格与特色举足轻重，是商业展示空间照明设计中需重点考虑的部分。

②装饰照明的表现形式

发光体即灯具本身外观造型及其照明方式的装饰性。具有鲜明造型风格的灯具，能有效地强化环境特色。一种是传统的装饰灯具，因为历史的积淀而有了较为明确的寓意和稳定的风格，如水晶吊灯代表了豪华、典雅、端庄的西方风格；而纸质木格纹的落地灯则有典型的含蓄、宁静、灵性的东方风格。另一种是现代科技产生的装饰灯具，如LED（发光二极管）、霓虹灯等，它们体积小，可以制成任何形状，产生任何颜色的光，极大地提高了设计制作的弹性空间和发挥余地，新的经典灯具设计也层出不穷。灯具的发光方式也由传统的手动调节到由可以电脑程序自动指挥，产生色彩、照度等有规律的动态变化、变幻的神奇装饰效果（图7–6、图7–7）。

在法国巴黎某个小路口，临街有一处不规则的铺面，前身是艺术展廊，现在变成了眼镜店。

倾斜的墙面安装上起伏折面的浅色木材展示柜，顶部的灯带和射灯以及吊灯营造不同的空间体验，这样的空间组织有利于引导人们在店中徘徊，并激起顾客的好奇心。

图7–6

图7–7

灯光本身的色彩与光斑、光晕的装饰性。色彩能够产生出丰富的装饰效果，使用得当能对人产生积极的心理影响；而灯光在平面上形成的光斑、光晕及其排列组合形成的节奏感、韵律感都具有极强的装饰效果。可以把它们投影在室内空间界面上作一幅“光绘画”，由于灯光本身鲜明夺目、形式新颖，若再加上动态的效果，往往可以构成一个区域的视觉中心，既吸引视线、招徕顾客，也利于商业展示空间的广告宣传。

光影变化、变幻的装饰性。多重光投射加上照度的变化所产生的光影变化可以制作出更为复杂的三维

"光雕塑"效果。这可以应用于整个展示空间，也可以针对单个需重点表达的展品。如对展品的轮廓用光进行强化，或是从不同角度投射不同照度的光束以加强立体感等。

除此之外，灯光与空间和材质表面配合，一些高新照明技术的应用都可以产生出意想不到的神奇效果，关键是这些装饰手法的运用都需要考虑到商业展示空间的整体性，它们应该服从和服务于需要表达的整体风格与商品品牌形象，呈现出一种整体感；同时，应用分层照明的原则，让空间呈现出丰富的层次感（不是有多少照明层次就需要用多少灯具，一个灯具可以具有两个或更多的照明层次。否则，你的照明层次就会显得混乱）。在此基础上，再追求细节的完美。

商业展示空间（专卖店、商场、超市等）在现代人们的生活中，已不仅仅是购物的场所，还成了休闲、娱乐、放松的场所。其功用和特点确定了其在照明设计上需要更多的装饰性与艺术表达。

案例：这是来自成立于德国柏林的bow.berlin零售店。该店位于柏林，这里时髦潮流，靠近火车站交通枢纽以及时尚大街，建筑师大卫·奇普菲尔德的新作也在附近。2012年，这里还出现了欧洲第一个华尔道夫酒店。bow.berlin是珠宝及皮革零售店，建筑师一改常规射灯的布局，创造了一个有趣且振奋人心的灯光环境，使用了全新的语言（图7-8）。

图7-8　德国柏林bow.berlin珠宝及皮革零售店的橱窗展示

## 二、橱窗光环境

橱窗光环境的作用是为了吸引在店前经过的顾客的注意，应使商品或展出的意图尽可能引人注目。橱窗光环境是依托强光使商品突出，同时强调立体感、光泽感、材料感和色彩等，利用不同的灯饰吸引人们的眼球，或利用彩色灯泡使照明状态发生变化，凸显商品个性。橱窗光环境设计应依据商品种类、陈列空间的构成以及所要求的照明效果综合考虑。

橱窗的光环境设计宜采用带有遮光格栅或漫射型照明器。当采用带有遮光格栅的照明器安装在橱窗顶部距地高度大于3m时，照明器的这个角度不宜小于30°，如安装高度低于3m时，则照明器这个角度为45°以上。

基本照明：保证橱窗内基本照度的照明。由于白天会出现镜反光现象，所以要提高照度水平。

聚光照明：采用强烈灯光凸显商品的照明方式。需使橱窗内全部商品都明亮时，照明器应采用平均型配光；而为了重点突出某一部分时，则采取重点照明方式，选择能随意变换照射方向的照明器，以适应陈列的各种变化要求。

强调照明：以装饰用照明器或利用灯光变换达到一定的艺术效果来衬托商品的照明方式。在选择装饰用照明器时，应注意在造型、色彩、图案等方面和陈列商品协调配合。

特殊照明：根据不同商品的特点，使之更为有效地表现出商品特征的照明方式。表现手法有从下方照射，富于突出商品飘动感的脚光照明；从背后照射，富于突出玻璃制品透明感的后光照明；还可以采用柔和的灯光包容起来的撑墙支架照明方式。特色照明器的安装应注意隐蔽性。

室外橱窗照明的设置应避免出现镜像，陈列品的亮度应大于室外景物亮度10%。展览橱窗的照度宜为营业照度的2～4倍。用亮度高的光源照射商品时，要注意避免反射眩光。

## 第二节　办公空间照明环境

在工作环境的照明中，视觉作用的照明应该是均匀的，而环境照明可以是非均匀的，甚至是亮度对比强烈的，只要能够形成有意义的完整图像。实验证明，这种照明模式既能够满足视觉作业的识别需要，又能营造出美好的空间意向（图7-9）。

根据格式塔视知觉原理，被组织得最好、最规则（对称、统一、和谐）和具有最大限度的简单明了的格式，给人的感受是极为愉悦的。每当视域中出现的图形不太完美，甚至有缺陷的时候，这种周期性“组织”的“需要”便大大增加，只要这种“需要”得不到满足，这种活动便会持续进行下去。

### 一、办公楼光环境设计

现代办公楼设计需要为办公人员提供舒适、高效率的工作环境，包括合理的日照控制、人工光环境的设计、室内足够的照度等。

非传统的办公设计将最能点燃灵感之火的自由气息引入空间，让员工以愉悦、喜乐、放松的方式享受工作。在这样的理念引导下，办公空间运用大面积的反光膜、灰镜，以及部分发光的设计手段，使空间得以纵深，克服了原写字楼层高超低问题。突破局限是建立起创意空间平台的重要方面，既有对刻板的办公空间格局的颠覆，也有对单调办公功能的扩展。灯光设计带来的空间错位感，如同拼贴的蒙太奇效果一般，展现出冲破线性束缚的丰富空间体验（图7-10）。

案例：这一设计从企业文化本身出发衍生的理念和思想、室内空间与气氛的营造、各种材料的选择及搭配、采光与照明等多方面的因素相结合。设计师选用了云朵图案来表现境界、电脑控制的LED洗墙灯，布光设计都以造型结合色彩来消解拘泥，与周边建立起亲切的联系，释放压力，铺垫出柔软的松弛（图7-11）。

图7-9

图7-10

图7-11

1.办公楼照度标准（表7-1）

2.办公楼亮度和眩光的控制

在办公楼内如果亮度的差别太大，就会引起眩光；反之，如果亮度差别太小，整个环境就会显得呆板。整个办公环境中，各种视觉作业和其临近的背景之间的亮度比值应在3：1～0：1为宜。

3.办公楼灯具的选择

整个办公楼内的办公室、打字室、设计绘图室、计算机室等空间，宜采用荧光灯，室内饰面及材料的反射系数应该满足天花板70%，墙面50%，地面30%；若达不到要求时，宜采用上半球光通量不少于总光通量75%的荧光灯照明器。在难于确定工作位置时，可选用发光面积较大、亮度低的双向蝙蝠翼式的配光照明器。

4.办公楼照明器的配置

办公楼的一般照明应该设计在工作区的两侧，采用荧光灯时宜使照明器纵轴和水平视线相平行，不宜将照明器布置在工作位置的正前方。而对于大开间办公室的灯位布置，宜采用与外窗平行的形式（图7-12）。

5.办公楼的照明要求

（1）有计算机终端设备的办公用房，应避免在屏幕上出现人和物（如照明器、家居、窗户等）的影像，通常与照明器的垂直线成50°角以上的空间亮度不大于200cd/㎡，其照度可在300lx（不需要阅读文件时）～500lx（需要阅读文件时）间。

（2）当计算机室摄影电视监视设备时，应设值班照明。

（3）在会议室内放映幻灯或电影时，一般照明宜采用调光控制。会议室照明设计一般可采用荧光灯（组成光带檐）与白炽灯或节能型荧光灯（组成下射灯）相结合的照明形式。

（4）以聚会为主要用途的礼堂舞台区照明，可采用顶灯配以台前安装有辅助照明方式，其水平照度宜为200～500lx，并使平均垂直照度不小于300lx（指舞台台板上1.5m处）。同时在舞台上应该设有电源插

图7-12　微软公司开放型休息区

表7-1　办公楼照度标准参照表

| 类别 | 参考平面及其高度 | 低 | 中 | 高 |
|---|---|---|---|---|
| 办公室、会议室、接待厅、报告厅 | 0.75m水平面 | 100 | 150 | 200 |
| 在视觉显示屏作业 | 工作白水平面 | 150 | 200 | 300 |
| 设计室、绘图室、打字室 | 实际工作面 | 200 | 300 | 500 |
| 装订、复印、晒图、档案室 | 0.75m水平面 | 75 | 100 | 150 |
| 值班室 | 0.75m水平面 | 50 | 75 | 100 |
| 门厅 | 地面 | 30 | 50 | 75 |

座，以供移动式照明设备的使用。

（5）多功能礼堂的疏散通道和疏散门应设置疏散照明（图7–13）。

威尼斯船厂的各种材料，比如玻璃、金属还有涂料大部分使用的白色以及灰度颜色，配以淡暖黄色圆形灯具，降低与建筑体块、材料的视觉冲突。

图7–13

## 二、办公室光环境设计

办公室为普通职员工作的办公空间，这种办公室面积是中大型的，办公家具不是永久固定的，而是根据需要随时变动，间隔墙也可以添加移动或撤掉，所以对照明来说，无论办公室内如何布置，总是能够适应工作台面照明的需要。

### 1.办公室照度需求

在办公室内应有较高的照度，因为工作人员在此环节中多以文字性工作为主且时间长，同时增加室内的照度及亮度也会给人开敞的感觉，从而提高工作效率。通常在读书之类的视觉工作中至少需要500lx的照度，而在特殊情况下为了进一步减少眼睛的疲劳，局部照度就需要达到1000～2000lx。

### 2.办公室亮度分布

正常情况下，对于大中型办公空间，可以在顶棚有规律地安装固定样式的灯具，以便在工作面上得到均匀的照度，并且可以适应灵活的平面布局及办公室空间的分隔。

但大面积的高亮度的顶棚易产生眩光，并使光环境显得呆板，所以保持顶部照明一定的基础上，增加台面及局部的照明就很有必要，以使工作面上获得足够的照度。办公室照明同其他空间环境一样，在满足功能照明的同时，也要考虑营造整体环境的舒适照明。大面积且亮度均匀的发光顶棚会给人闷的感觉，因此很多情况下是顶棚要创造出不均匀的亮度来，灯具和顶棚之间的亮度对比应该稳定。若灯具属于嵌入式灯具，则顶棚的亮度将由地面和桌面的反射光补充，所以要提高桌面及地面的反光度。当然，也可以采用其他的照明方式，如采用简洁照明手法，通过反射光来改善顶棚的亮度。

### 3.办公室的自然光利用（图7–14）

办公室在白天的使用率很高，从光源质量到节能都应大量采取自然光照明，因此办公室的人工照明

图7–14

要与自然光相结合，创造出合理舒适的光环境。单独的自然采光会使窗口周围的照度较高，而远离窗口的环境照度却不理想，在这些照度标准的地方就要补充照明。但是自然光不是稳定光源，随时间、气候的变化，自然光的质量也将发生变化，所以对于室内照明来说就要考虑可调节性，一般可采用分路照明和调光照明两种方式。分路照明是把室内人工照明分路串联成若干线路。根据不同情况通过分路开关控制室内人工照明，使办公室总体照明达到一定平衡。调光照明是在室内人工照明系统中安装调光装置，通过这种设置对室内照明进行调整。也可以两种方法综合使用。另外窗户要尽量大一些、多一些，窗越大越会产生空间宽敞的感觉，当然这种舒适感还包括窗外的景观。

### 4.办公室的眩光处理

办公室是进行视觉工作的场所，特别是有时要进行文字工作，所以注意眩光问题尤为重要。一般在宽大的房间中，顶棚的光源容易进入人的视线范围从而产生眩光，所以要对顶部光源进行处理。一般可采用格栅来对光源进行遮挡；还可减少顶棚的光源亮度，在工作台及活动区内增设可移动的光源，对局部进行照明，以增加局部所需照度；减少桌面的周围环境中的反射眩光。在设置较低的光源时，如局部照明的台灯、地灯以及用于其他照明的壁灯等，应对光源进行遮挡，避免光源暴露在视线范围内。

### 5.办公室的灯具设置

办公室除一般照明外，最常见的就是台面上的局部照明。白炽灯泡的台灯多用于装饰照明或气氛照明，而用于工作照明就不太理想，因为在工作台面的布光不均匀，而且热辐射也过高。

对于装配荧光灯并紧贴办公桌的反射式灯具，安装位置应在离桌面0.3～0.6m，并有遮光灯罩。设置高度低于0.3m，工作面内的照度分布不均匀，以致周围物体会产生对此强烈的阴影；设置高度高于0.6m，阴影问题会减少，但看到光源的可能性增大，而且这样又不可避免要降低照明效率。

另外，台面上的局部照明灯具最好是可移动的，针对不同的需要变动灯位及照射的角度。

在整体建筑的照明考虑中，首先应坚持建筑以人为本，只有深刻理解建筑的寓意，充分利用建筑的结构，才能创造个性化的光环境，使建筑更具魅力。由建筑物的内部向外部、底部向顶部照射，突出整个建筑物的立体感，充分体现建筑设计的价值，注重建筑立面的效果，具有鲜明的个性和层次感（图7-15）。

图7-15

## 第三节　学校照明环境

学校照明应有足够的照明和良好的亮度比，降低学生的视觉疲劳，防止产生近视；同时有利于提高学生注意力，便于教师授课活动，提高学习和教学的效率。学校的教学活动多数在白天，天然采光是主要的照明手段，而人工照明应与其相匹配协调，形成和谐的光环境（图7-16）。

现如今，城市学生近视率居高不下，引起人们对教室照明条件的关注。用眼疲劳是诱发近视的重要因素之一。在正常的用眼状态下，照明条件是否合理，直接影响眼的疲劳程度。因此，营造教室良好舒适的照明环境就显得尤为重要。

### 1.照明标准

我国《建筑照明设计标准》（GB50034-2004）中规定，学校普通教室课桌面、实验室实验桌面、多

图7-16

媒体教室0.75m桌面的照度标准值均为300lx，美术教室桌面的照度标准值为500lx，教室黑板的照度也应在500lx。

2.照明质量要求与设计（图7-17）

（1）亮度对比。照明并非亮度越高越好，一定要考虑合理的亮度对比。要求视看对象和其临近表面之间亮度不超过3：1，视看对象和远处较亮表面之间1：5，视看对象和远处较暗表面之间3：1。

学校的教室以及需要使用投影、幻灯机、电视机的教室，需要用深色窗帘，可使阳光入射时产生较低亮度比的环境。

（2）眩光限制。教室课桌面的照明常用单、双管普通支架式荧光灯具。由于灯管裸露，常会对后排学生产生直接眩光。因此，教室中应尽可能采用格栅的荧光灯作为主要照明；或者在教室中将靠近黑板的前二三排支架灯更换成带有格栅的荧光灯。

除了灯具可能产生的直接眩光外，高亮度灯还会因在顶棚、黑板等光滑表面形成光幕反射而产生眩光。因此，在教室中应采用不会引起镜面反射的面层材料（如磨砂玻璃面的黑板）。

（3）光源的设置及选用。由于黑板的照度要远大于教室课桌面的照度，所以应在黑板前设置专用灯具。黑板灯的设置应满足以下几点要求：学生视野中不产生黑板的发射眩光和黑板灯的直射光；教师视野中不产生黑板的反射眩光和黑板灯的直射光，注意教师与学生的位置不一样；保证黑板面上较高的垂直照度和较好的照度均匀度。

教室照明不宜采用裸灯，建议采用带有遮光灯具的三基色荧光灯（T5或T8）。T5或T8荧光灯能创造比T12荧光灯亮20%、显色指数大于80%的光环境，可以大大降低学生的视觉疲劳感。对于识别颜色有较高要求的教室，如美术教室等，宜采用高显色性光源，如高显色荧光灯。这种灯的光谱与阳光近似，可以真实反映被照物体的色彩。对于大面积天然采光窗的教室，光源色温应与天然采光相协调（图7-18）。

图7-17

图7-18

## 第四节　医院照明环境

医院的室内照明设计需要充分考虑各种不同空间场所的使用功能和需求，结合具体房间的结构、色彩以及采光需要等因素，选择适合的灯具及布置方式进行布局设置。这不仅要充分体现医疗器械的功能，还要满足医疗技术对空间的物理要求，更重要的是，还要为病人营造一个宁静祥和、温馨舒适的就医、休养环境。

医院很多科室需要投照仪器，病例照片采样后，需要调光来辅助病情诊断。医院常在光源处配置一个调光按钮，来进行光度明暗的调节，使得出片清晰可见。这种调光按钮也就是智能化的实现形式，具有智能照明的实时控制功能。该功能是在各个光源的终端，通过控制开关实现，用来方便病人和医护人员及时进行所需操作。另外还有一些设备仪器，如显微镜等，为发挥其功效也需要调光。

除了基础的照明之外，我们还可以附加一些装饰性照明，例如壁灯来缓解医院中严肃、压抑、冷清的气氛。检查室的灯具通常在设备的四周均匀分布，并会避免给病人带来眩光感。因此，灯具在安装时，应避免布置在其上方，建议用可以二次反射柔光设计的暗藏灯带，以避免病人平卧时因眩光而产生的不适。

门急诊医技楼公共大厅是人员流动最为频繁的中枢地带，与诊室、走廊、楼梯等相接。如果公共大厅是建筑中庭形式的照明，应选气体放电灯为主，中庭应处理好自然光与人工照明的平稳转换，防止中庭周围回廊照度太低、明暗差距太大而引起视觉的不适。自然采光少的共享大厅空间安装照明灯具要考虑维修和维护的方便，采用小型投光灯应安装在大厅回廊的侧墙上，做到维修人员站在回廊边上手可以触及灯具，以便于检查和维修，便于调准投光灯的角度，使灯光柔和均匀地照亮大厅空间。挂号、收费、化验等服务窗口内外照明都要明亮，为医务人员和病员或家属查看和核验交接的单据和费用提供良好照明（图7-19）。

图7-19

公共走廊是室内的交通要道（图7-20），走廊两侧都有诊室，走廊与诊室仅一门之隔，诊室的照度一般要在300lx以上，走廊照度若设计得太低会加重人们出入走廊、诊室这两个相邻区域对光线变化的不适感。因此，在设计时要充分考虑这些因素。其照度值可参照诊室和门厅的照度，应等于或高于其30%的照

图7-20　HKS公司合作设计澳大利亚皇家儿童医院——公共走廊

度值，一般在100lx左右。走廊主要依靠人工照明，一般采用具有防止眩光的灯具嵌入式安装在走廊的吊顶上，如果要求高一点，采用反射式天棚，效果更好，躺在病车上的病人不会因目视顶棚裸露的灯泡或灯管而感到不适。

病房公共走廊不同于门急诊医技楼，住院病人适合清静环境，灯光应该均匀柔和。因此，照度相对要低一些，一般在50lx左右。宜采用嵌入式暖色光灯具或小型的紧凑型荧光灯。走廊每个病房的门下设一个脚灯供护士夜间巡视用，深夜一般照明就可关闭（图7–21）。

公共走廊及安全出口的应急照明和疏散标志灯必须完善，应急照明延续时间要提高，因为医院病人在突发事件发生时疏散速度较慢，有些病人还需要担架或搀扶缓慢离开事故中心，一旦失去照明，其后果十分严重。走廊的各个安全通道口，通向室外或安全楼梯的门口上方应安装“安全出口”标志灯，较长的走廊内转角处要安装疏散标志灯，且疏散标志灯间距应小于或等于20m。

手术室照明（图7–22）。以洁净手术室为例：手术局部照明采用手术无影灯必须满足洁净要求，选择爪形结构的手术无影灯。一般照明采用洁净灯嵌入顶棚安装，其中一盏洁净灯应达到应急照明要求，观片灯嵌墙安装，术中记录柜内安装一个联动照明灯，翻开记录板灯时可同时打开，洁净手术室不装紫外线杀

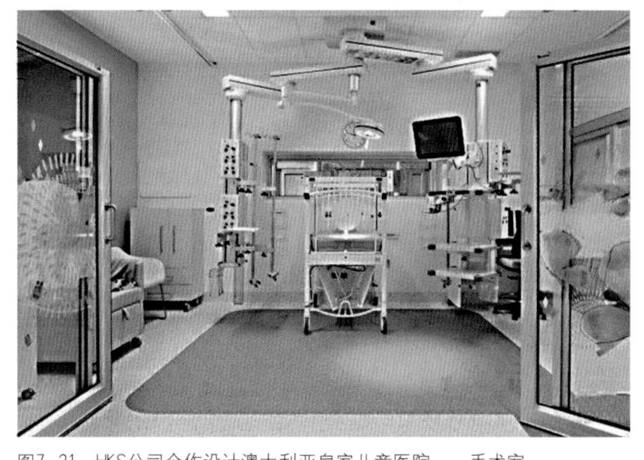

图7–21　HKS公司合作设计澳大利亚皇家儿童医院——手术室

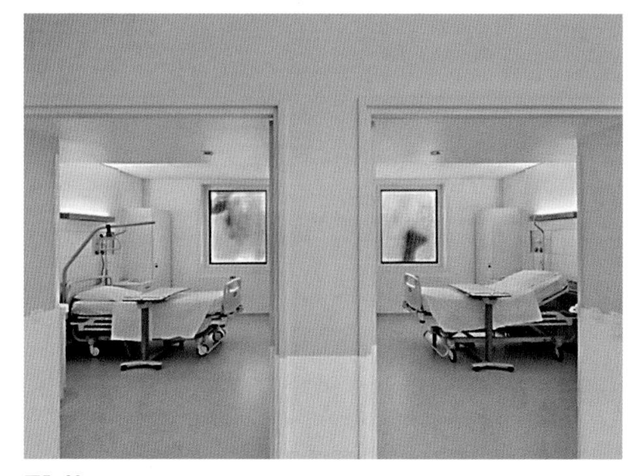

图7–22

菌灯，照明插座安装在四周墙上和综合气体塔吊上。并且每个手术室门上方要安装表示“手术中”的指示灯以防止无关人员进入。

病房照明可分为一般照明、局部照明和应急照明设计等几个方面。

病房的一般照明需主要考虑病人并兼顾医护人员的要求，营造宁静而温馨的光环境。根据《建筑照明设计标准》（GB50034–2004）的规定，病房内的照度标准为100lx，光源色温小于3300K。光源一般选择低色温荧光灯。由于很多病人需要长期卧床休息，如果在顶板上安装普通灯具会形成明显眩光，造成病人的不适。最好是选择间接型灯具或反射型照明。对目前两三张病床的病房，采用荧光灯。为防止卧床病人有眩光的不适，可采用反射式照明，效果很好，但投资大，运行费用高，可在部分高档病区或病房选择使用。

病房的局部照明主要为病人阅读和医护人员进行操作时提供必要的照度，一般采用在综合医疗带上安装模块式荧光灯，也可设计可调式旋臂壁灯，选用可调光光源，既满足本床病人的要求，又减少对其他床位的影响。

病房区域都设计有夜间照明以满足夜间值班护士和病人的需求，通常在病房内卫生间旁或门口及病房

走廊设夜间脚灯。脚灯的放置位置应尽量避免其灯光直射病人的眼睛。设计时建议选用百叶隔栅嵌墙式脚灯。一般情况下，它的照度对于病房床头部位的照度应小于或等于0.1lx，儿童病房应小于或等于1lx。病房脚灯开关一般设在护士站，由值班护士统一控制。

诊疗设备室照明。以往设计医技室的照明会顾虑荧光灯对医技设备的干扰，一般会采用直流电源或白炽灯。但根据对一些医技设备生产厂及设备使用环境的调查，现在很多设备均有较强的抗干扰能力。一些小型的医技设备（如心电图仪、脑电图仪、医用超声波等）均无特殊照明要求，心电图仪和脑电图仪的一般照明在150lx左右，脑电图仪和医用超声仪要安装调光装置，因为，医用超声仪几乎是在半暗室状态下工作。但对于核磁共振扫描室等需要电磁屏蔽的地方仍要用直流电源。因此，照度不能任意提高，一般照明设计根据设备的要求而定。

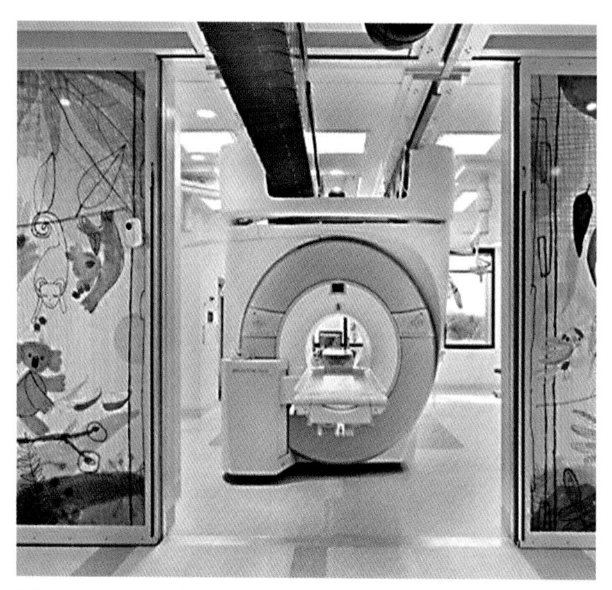

图7-23　HKS公司合作设计澳大利亚皇家儿童医院——大型诊疗设备室

通常很多医疗设备照度要求在100～150lx，甚至更低，但为了维护修理及有可能辅助介入手术或治疗，有时照度仍有300lx以上的要求，因此，较理想的是在控制室内除设置一般照明外，另设置一套调光装置，以满足不同需求。具体设计要求还应根据不同设备需求而定。如CT、直线加速器等工作照明照度要求不高，但维护保养这些大型贵重设备时则照度需要比较高，一般需250lx以上，平时可采用分级调光，维修时采用荧光灯达到250lx。每间医技设备室在所对公共走廊的门框上方都应安装“正在工作　请勿入内”的警示灯。警示灯应与医技设备联动，即医技设备（如X光机）启动准备工作时警示灯亮，以防止无关人员进入引起不必要的伤害（图7-23）。

近些年来，随着“绿色照明”概念的推广，节约能源也越来越引起人们的重视。绿色照明的含义就是节约照明用电、减少污染、保护环境、优质高效的综合措施。如何做好建筑设计中的节能措施，是衡量一个优秀建筑设计的重要指标。设计是把握节能的第一步，在照明设计过程中，我们应认真考虑合适的光源和灯具。医院使用的荧光灯数量多，从提高光效来看，医院使用荧光灯量很大，应该选用三基色荧光灯，首选直管式大功率的灯具，尽可能用敞开式、高反射率，灯具和环境的清洁是提高照明质量、效率的重要因素。与建筑物外窗平行的灯具应独立控制，自然光充足的室内可关闭照明灯具。从提高功率因数、没有频闪的角度考虑，希望采用高效、低谐波的电子镇流器，为了避免对一些医疗设备产生电磁干扰，个别场所建议选用节能型电感镇流器。

总之，医院照明内容繁多，要求各异，照明设计不仅要考虑照明的质量，合适的灯具和光源，还要考虑与其他专业设备的配合与协调，避免照明灯具与顶棚的暖通风口、给排水喷淋口、消防报警系统的探测器、扬声器等在位置上发生冲突。照明电源线路既要经济可靠，又要为发展留有余地。因此，要选择适合医院特点的照明设计方案、光源及灯具布置，兼顾照明的节能设计，降低医院的运行成本，为医护人员和病员及家属提供更好的医疗环境。

## 第五节 体育馆照明环境

体育馆照明的功能要求能够使运动员最大限度地发挥自己的速度、准确性和技能；使裁判员清晰地看到比赛场每个角落的运动，并快速做出反应和判断；使观众能不费力地观看比赛；为电视转播、录像、拍电影等获得良好的画面质量和颜色效果创造条件（图7–24）。

照度水平主要取决于运动物体的大小、运动速度和需要反映的时间，与竞技水平、观众视距（体育馆规模）有关。场地照度水平对运动员和观众的视觉适应状况有决定性影响。为了看清奔跑的运动员和飞行的球，垂直照度也是重要因素。在运动场地内的主要摄像方向上，垂直照度最小值与最大值之比不宜小于0.4；平均垂直照度与平均水平照度之比不宜小于0.25；场地水平照度最小值与最大值之比不宜小于0.5；观众席的垂直照度不宜小于场地垂直照度的0.25（图7–25）。

在伦敦奥运会手球的主要比赛场——伦敦奥运会手球馆的场地照明设计中，充分考虑了体育馆照明设计中照度均匀度，要求手球、盲人门球和现代五项比赛区域水平照度最小值与最大值之比不大于0.7/0.8，垂直照度均匀度不大于0.7/0.8（图7–26）。

在体育馆中，运动员的视线是快速移动的，在有些项目中还要经常向上观察，这就给限制眩光造成困难。对于运动员视线主要在场地长轴上方活动的项目如篮球、羽毛球、排球等，使用顶侧光照明，灯具尽可能布设在球网上方。

在全面进行照明眩光的控制面，伦敦奥运会篮球馆的照明设计中采取了多种措施，以提供最佳的照明效果。如保证在篮球比赛时，球台及比赛区域正上方区域内无照明灯具；设计中还将尽量减少球场底线方向的灯具布置，如必须在此位置设计灯具，则尽量降低其表面亮度。设计将全部照明灯具的投射角场控制在65%以下，严格控制灯具干扰队员视觉以及经场地表面反射造成的对面观众席的反射眩光等。

值得一提的是游泳池照明区别于其他照明之处，其最大难题就是如何控制水面的光幕反射。水面的光幕反射会对人产生许多危害，因此，灯具的安装应确保没有视觉干扰，保证观看比赛的最佳效果。在游泳池水面上，光的反射和透射比例取决于光线入射角度（图7–27）。

图7–24

图7–25

图7–26　伦敦奥运会——手球馆

图7–27

图7–28

另外，游泳池不是精确作业场所，对游泳者来说，游泳池照明首先要为游泳者提供安全保障。因此，游泳池照明必须满足如下要求。

（1）服务人员必须能清晰地看到发生危险的游泳者。这可通过限制水面的反射光以及具有一个符合标准的水平照度来实现。

（2）游泳比赛时，当运动员触池时，裁判员和观众要能清楚地看到触池动作，这样裁判员方可做准确的判定。

（3）举行大型赛事时，垂直照度值及其均匀度必须满足彩色电视转播的要求。另外，必须避免墙面上的高亮度眩光，因为高亮度墙面更容易在游泳池水面上产生反射眩光。

（4）对光源和灯具的特殊性要求。①按照国际照明委员会CIE的要求，原则上游泳馆照明应该采用高显色性的光源。同时由于灯具数量比较多，考虑到节能要求，尽量采用效率高、寿命长的光源。②室内游泳池的环境为高温、潮湿，并有化学腐蚀性，灯具要能适应这种不利的环境，维护工作也不同于室外。游泳池赛场照明应采用全密封灯具，以防止尘土积在光源上和光学反射器上，同时万一灯泡破碎，玻璃将掉在灯具内，不至于伤人。由于潮湿和凝结水，灯具的防护等级最低不得低于IP23，同时灯具自身应采用防腐蚀措施。应根据灯具透射距离的远近选择不同配光的灯具（图7–28）。

## 第六节　餐饮照明环境

人们就餐时，除了希望有美味佳肴外，还期待舒适的用餐环境和优质热情的服务。即使身处同一个空间环境，也会因为用光的不同而使人产生迥然相异的心情。例如造成白天、晚上餐厅空间的灯光环境必须配合不同场景来考虑照明的选择性使用。从菜肴感官的照明系统，到能够营造舒适用餐空间的整体室内设计，全套设计服务，应非常周到地考虑到各方面的因素（图7–29）。

在餐厅里可以享受到豪华热闹的气氛和美味的菜肴，这种感觉与家里是不同的。餐厅里的两个重点对象是菜肴和客人，所以能够烘托整体环境气氛的灯光

图7–29

就十分重要。饮食空间中借以形成气氛的因素最重要的是两种灯光：一种是可以使食物看起来特别美味诱人的灯光；另一种是能给人带来愉快用餐心情的环境灯光（图7-30、图7-31）。

为了提高饮食空间的档次感，在设计灯光时，应注意利用调光系统，并随时间的变化适当改变整个环境的气氛。另外，在进行灯光控制时要配合实体的经营内容和餐饮特色，这样就能在有限的时间里为顾客营造出愉快的用餐气氛。

案例：美国的临时餐厅What Happens When源于一个厨师和一个品牌创意设计的合作，这是一家使用期限为30天的临时餐厅。室内设计师在设计空间时，将一些建筑制图标记以1：1的大小直接反映在地面、墙面中。因为每个主题只存在30天，因此设计出一个富于变化、灯光形式呼应设计内容的布光方案，在天花板上匀布了挂钩，可以非常灵活地改变灯光的位置。黑色的背景与白色光源、建筑制图标记形成强烈的单色对比，突出设计核心（图7-32～图7-35）。

图7-30

图7-31

图7-32

图7-33

图7-34

图7-35

这个位于蒙帕纳斯大厦56层的浪漫餐厅共400平方米，160个座位。主要元素是泡泡，天花板上的泡泡散发着醉人的琥珀色光。在跳跃的灯光元素下，餐厅的整个基调偏暗，与金光闪闪的曲线光线形成鲜明对比，还可以清楚地看到远处的埃菲尔铁塔。人们的身心沉浸在这迷人的典雅浪漫中，实在是一个旅游时惬意的用餐地点（图7-36～图7-39）。

图7-36

图7-37

图7-38

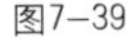

图7-39

图7-40　用于舞池的大号旋转魔球灯

## 第七节　现代演艺厅照明环境

现代演艺厅灯光照明设计应以舞台或舞池为中心，周边为衬托，突出“动、色、悦、节”的效果。现代演艺厅的灯光都是在旋转、闪烁、摇曳，灯具五光十色，强弱相生，明暗相合，丰富地组成了现代演艺厅的视觉空间。在音乐的背景衬托下，舞池中的人群随着音符的韵律，合着动感的节奏舞动身姿，洋溢着欢乐、青春的气氛。所有的声、光、色都随着音乐的韵律而富有变化，舞者身临其境，油然而生一分好似行云流水、虚无缥缈的乐律感。

现代演绎厅的灯具分为动态和静态两种。动态灯具能在舞厅空间产生运动。有滚动、转动、平移等多种形式。动态灯具包括球面反射灯、扫描灯、飞碟幻彩灯、激光束灯、轻灯、宇宙灯、太阳灯等种类。静态灯具本体保持不动，只是灯光发生变化，生活中我们常见到的有频闪灯、雨灯、洗墙灯、歌星灯、聚光灯、紫光灯管等（图7-40、图7-41）。

LED在舞台灯光的运用大多在演绎吧、舞池等顶部采用LED影视柔光灯和摇头灯为主要照明方式，其作用是对舞池纵深的表演空间进行必要的照明。现代演艺厅除了设计一般照明外，主要是上述演艺厅灯具。有的装饰还要求设有LED灯、霓虹灯，组成各种图案，以烘托气氛。侧光采用LED影视柔光灯，其作

图7-41

用是从舞台的侧面造成光源的方向感，为舞池中心领舞者塑造层次及立体感。可以作为照射舞者面部的辅助照明，并可加强布景层次，对人物和舞池空间环境进行造型渲染。可以强调、突出侧面的轮廓，适合表现浮雕、人物等具有体积感的效果。单侧光可表现出阴阳对比较强的效果。双侧光可以表现具有个性化特点的夹板光，但需要调整正面辅助光与侧光的光比才能获得比较完善的造型效果。逆光采用LED影视聚光灯，加强舞池人物造型及景物空间的照明。前后排灯光相衔接，使舞池空间获得比较均匀的色彩和亮度。为了更好地表现演出效果，模拟自然界的真实场景，还可分别在舞台上设置数码烟机和大双轮泡泡机。

此外，设计的灯光系统还应该本着节能、环保的设计理念，人性化的控制系统，使整个区域的灯光色彩鲜艳、柔和，人物的立体感鲜明。随着全球能源问题和环境问题日益突出，节能、环保、经济成为全人类的共识。LED舞台灯光势必替代传统舞台灯光，用LED舞台灯光是每位精明的投资商的首选，也必将是未来发展的趋势，21世纪将进入以LED为代表的新型照明光源时代。

演绎厅灯光应根据舞曲的需要来控制、调和其节奏的强弱、音量的增减或者音速韵律的突现或缓慢渐变。演艺厅的照明设计参照标准见表7-2。

（1）程序效果点。这种调光器可以控制并且调和演艺厅舞台的照明。

（2）音频调光器。音乐经过音频放大，触发可控器,使灯光随着音乐频率而变化。

（3）声响效果器。使灯光随着声音的强度而变化,声音越响，灯光越亮，反之灯光减弱。

演艺厅的灯光要与舞池、音乐交融为一体，既不能过分明亮耀眼，也不能太过昏暗、冷清。一般照度在10～50lx范围内可调，舞蹈时在10～20lx，休场时调到50lx为最佳（图7-42、图7-43）。

演艺厅按照明的区域划分，可以分为表演区（乐队、演员等为公众表演所使用的区域），例如舞台、观赏休息区（包括作息和过廊等）。因此我们在设计时同时考虑舞台灯光和观众灯光两者兼备。舞台要满

图7-42

表7-2　演艺厅的照明设计参照标准

| 规模 | 建筑面积/㎡ | 设备容量/KW | 灯具类型设置 |
| --- | --- | --- | --- |
| 小型 | 100～200 | 10 | 静态灯具为主 |
| 中型 | 200～350 | 15 | 动、静态灯具均可，增加霓虹灯设施 |
|  | 350～500 | 25 |  |
| 大型 | 500以上 | 30～50 | 除了以上动、静态灯具外，可增加激光、霓虹灯设施 |

图7-43

足文艺演出、演唱和乐队伴奏的歌手表演等要求。设计所能达到的具体照度标准，见表7-3。

在多间夜店流连所见的黑色浪漫装潢，极度配合流光溢彩的灯光视觉脉搏与时髦动感。以纯粹、时尚的照明设计丰富夜店生活的理想，积极打造极富戏剧趣味又愉快惬意的视觉体验。

例如TAZMANIA BALLROOM的楼梯入口缀以青铜镜子，宾客穿过后便可进入极具当代华贵魅力的玩乐空间，其中包括高架的DJ点播台、美式桌球专区、无尽伸延的酒吧长台以及户外大阳台。室内墙身建有钻石几何图案式拱壁，一边是呈凹陷状的天花板，另一边则是以灰泥制成的落地书柜，TAZMANIA BALLROOM恍如英伦私人绅士俱乐部（图7-44）。

TAZMANIA BALLROOM的镀金美式桌球台是会所最为瑰丽夺目的陈设，更可升起至天花顶部，以腾出空间作为派对舞池，让宾客能与舞伴共舞至天亮；同时亦会定期摆放深受欢迎的乒乓球台，让好动的宾客一展身手。TAZMANIA BALLROOM会所设计中灯光的运用是非常令人感受神秘的地方，美轮美奂的光不多余地照射出一个令人遐想的空间之内。为融会堂皇气派、欢乐玩意与璀璨光华的崭新聚会热点，并将以往分散的娱乐活动集于一身，为派对场地定下全新标准（图7-45、图7-46）。

图7-44

表7-3 设计所能达到的具体照度标准

| 区域试点 | 离地面高度（m） | 测试项目 | 照度标准值下限（lx） |
|---|---|---|---|
| 表演区 | 1.5 | 垂直照度 | 100※ |
| 观赏休息区 | 0.75 | 水平照度 | 5 |
| 通道区 | 0.25 | 水平照度 | 10 |

注：※最远观众席到表演区中心距离小于8m。

图7-45

图7-46

## 第八节　酒店照明环境

大厅是进入酒店的第一印象空间。设有前台业务，休息、迎候、接待、存储等多种功能区域。通过室内照明，酒店的这些空间才能够体现自身性格和特征，也就是用灯具造型和光照来充分表现酒店的格调、定位，设计师和经营者为了满足顾客需要而倾尽全力，下足功夫。

经济、舒适型酒店通常以宁静、典雅为基调，使人感到亲切和温暖；高档酒店大厅的天花板很高，多采用同改进型整体照明。同时，还采用豪华的吊灯和建筑照明来提高气氛（图7–47～图7–50）。

图7–47

图7–48

图7-49

图7-50

图7-51　芭提雅希尔顿入口过廊

图7-52　芭提雅希尔顿电梯间前厅

案例：设计师希望将酒店的各种空间用一系列的灯光形式联系起来，从芭提雅希尔顿的电梯厅到餐厅走廊，到停车场，以及其他空间，都变成有趣的联系空间。这些过渡空间给人序列型体验感，实用又与众不同（图7-51、图7-52）。

酒店的各种空间可用一系列的灯光形式联系起来，从电梯厅到餐厅走廊，到停车场，以及其他空间，都变成有趣的，带来愉悦感的联系的空间。让人们感受小小旅途的快乐。通过照明设计的连接。

客房绝大部分在夜晚使用（图7-53、图7-54），所以照明效果不容忽视，大体上让客人用台灯或落地灯等与室内的生活相吻合，在便于操作的区域上要设有明确的开关。此外，根据客人对光的爱好需求不同，尤其是为了工作入住的商务酒店或者快捷酒店以及招待所时，其房间内有必要充分确保工作台面上的局部照明亮度。同时，还可以使用空间整体调光的灯具来改变房间氛围（图7-55）。

案例：这个空间运用多种不同光源来营造戏剧的舞台气氛。它们由TL光组成，为了强调窗口的窗帘和遮光的窗帘，三个定制点包括设计了一个适宜的床和卧室空间尺度在化妆镜上，混合的LED灯带提供了一个良好的照明条件。最后，包括半透明天花板一个大型的RGB　LED光带使空间的颜色变换成为可能（图7-56）。

主厅对期待酒店的高水平设计和良好贴心的服务

图7–53

图7–54

图7–55

图7–56

质量的顾客来说，门厅的印象是极为重要的。主厅又称休息厅，是提供旅客休息的分场所，厅内一般摆设沙发、台桌、工艺品和各种绿植、盆景等，创造一种典雅、热情的环境气氛。特别是用以避寒、解暑的疗养酒店。所以，应该力求光的连续，以缓和客人由于期待所引起的失落感。

因此，照明系统应与室内装修配合，使用建筑化照明或下投式照明，给人以轻快、自然的感觉。也可使用大型吊灯，显示豪华气派。如果将下投式照明和立灯照明组合起来使用，将使主厅显得既宽敞又华丽（图7–57）。

图7–57　广州W酒店

另外，大厅外的空地照明应该设计成以停车场作为中心，另有明快的欢乐气氛（图7–58）。

图7–58 新加坡的Park Royal On Pickering

多功能厅提供文艺演出、学术交流和各种会议之用，为了满足各种功能的照明要求，照明系统相比其他区域较为复杂。

多功能厅前堂照明设施标准一般较高，常采用花吊灯、格栅顶棚灯或建筑化照明手法。

观众厅照明则形式各异，可以采用满天星顶棚，并配以壁灯或柱灯的混合照明方式等。观众厅照明一般以白炽灯或卤钨灯为主要光源，为了满足调光的需要，必要时还可以配置可控调光装置。

舞台照明应按照其功能和规模大小而设置灯光设施，一般舞台灯光布置有面光、侧面光、顶光、顶排光、柱光、侧光、天排光、地排光和流动光等（图7–59、图7–60）。

要想使客人从酒店的各扇窗户都能够眺望到酒店的庭院，照明表现就展现了其存在的价值。尤其是就餐时，从餐厅内部向外部眺望，设计师和投资商应该有意识地追求一些观赏性、娱乐性的光所产生的效果（图7–61、图7–62）。

图7–59

图7–60

案例：德国柏林NHOW HOTEL酒店可以俯瞰柏林的河流，304个房间加一个套房，还有录音室、会议室、酒吧、餐厅、健身中心（带温泉），体现出柏林的现代化精神，创建一个永恒的艺术空间并吸引世界目光，符合数字化时代客人的身心需求。

图7–61

图7–62

设计师的目标是把技术、视觉效果、纹理、颜色以及内在的需求融合在一个简单但不凌乱，而且更感性的居住环境中（图7–63）。

大堂：将刚进入的客人吸引，感性的高光泽玻璃纤维造型。墙壁是世界地图和时间表。陶瓷地砖上印刷的纹样代表着一些支持着我们沟通的数字化传输（图7–64）。

图7–63

图7–64

休息室：昏暗的色彩，柔和的曲线，非常感性的环境。家具延续这一设计语言。亲密的休息区被艺术品从大厅空间中分开。天花板用塑料做出了快要融化的造型，搭配巧妙的灯光设计，使其变得动感、娇艳欲滴（图7–65）。

酒吧：照明形态上与大堂有着某种意向上的联系。顶端的金色纤维织物使得酒吧极具高奢靡的气息，在上方透射的灯带下，镜子墙面映射着天花。窗帘是非常曼妙的薄纱，使得室内、室外光线共同跳跃在整个空间中（图7–66、图7–67）。

图7–65

图7–66

图7-67

客房的灯光设计，特点在隔断墙的轮廓上，象牙白色的灯光不仅标志着空间的转换，还突出了隔断别致的造型（图7-68）。

客房内向上照射的地灯，通过天花板反射出自然柔和的暖黄色光线；搭配床头淡蓝色的冷光源，辅助生成整个休息空间的色彩基调——丰富、舒适却不显繁杂。浴室则选用了简洁实用的筒灯来突出玻璃的颜色变化（图7-69）。

当我们俯瞰这个世界的时候，我们看到的是自然面貌、国家种族、城市乡村，光营造的空间环境带来了巨大的改变。可以说，光环境的美好程度已经成了代表着人类文明的美好形象、进步程度、社会价值的指标之一。

图7-68

图7-69

# 第八章　展示空间照明环境

**本章重点** >>

1.博物馆照明环境。

2.美术馆照明环境。

**学习目标** >>

对于更加具有艺术人文特质、更多强调展示氛围营造与表现的展示空间照明环境设计，拥有更好的理解能力。同时，注重对展示设计艺术专业知识的学习与了解。

**建议学时** >>

2学时。

# 第八章　展示空间照明环境

每次走在各种展示馆与博物馆当中时，奇妙的展示意境常让我们更加沉浸在展示时空，更加真实、生动、震撼地感受到展示气氛，投入这个美妙的展示世界当中。

作为博物馆与展示的空间照明设计来说，它的功能性不是满足于日常生活的各种场所及使用需要，而是突出与展示环境、主要展项、辅助展项、氛围营造、主题渲染、展示与人之间的紧密的关系。这是展示空间照明设计的根本出发点。展示照明，不仅体现出光与实体的对应性，还体现出光与功能的对应性（图8-1～图8-3）。

展示灯光的设计不仅体现了光与实体的对应物，也体现出“处于”暗环境中，对“光与实体同时进行双向的动感设计”的理念。例如在展示会上，几束光从不同的角度投射到实体上，并随情景而变化作出相应的形态，使其传达的视觉信息鲜明而强烈。当前一些景观照明中的“场景式”照明设计师汲取了展示灯光设计的要素。在这里，光成了杰出的展示艺术大师。

图8-1

图8-2

图8-3

## 第一节　博物馆照明环境

博物馆的照明设计中要注意，展品常常因为受到灯光的照射而直接暴露在紫外线或红外线下，实际上这两种光线都很容易对展品造成损伤。因此，在博物馆的陈列光中，要尽量调节灯光的照明强度，同时也必须保证参观者能够清晰地欣赏到作品的具体画面细节。因此，从事公共展示的灯光设计师一直都致力于研究欧美博物馆的展示方式和与之相适应的各种照明灯具，并研究如何合理利用最新技术，努力研发出既不影响观赏的舒适性，又能最大限度地抑制紫外线和红外线的特殊照明技法。

在观赏者的视线中，锥面光的应用在展示中采用很大一部分，在考虑到博物馆的观赏舒适性的同时，如何保证锥面的灯光明度是一个重要的部分。要把握好照明的整体节奏感，就必须灵活运用水平面照度和垂直面的整体照度。另外，对于起主要展示作用的作品，将根据其种类、材质、创作手法等特点，相应地采用不同亮度和质地的光源。因此，要事先和负责该作品展示的工作人员进行周密的操作和实验，制订出能够带来舒适性观赏感的照明规划（图8-4）。

图8-4

案例：艺术家James Turrell为纽约古根海姆博物馆特别策划设计了自己的个展“aten regin”（2013），这个展览重塑了弗兰克·劳埃德·赖特设计的圆形大厅，将它转变成一个充满变化的人工灯光和自然照明相结合的巨大空间。这是James Turrell自1980年以来在纽约举办的首个个展，艺术家延续了以往对光线、色彩和空间感知的深度探究，重新定义了古根海姆博物馆的中心空间，创造了一个充满梦幻光线的神奇场所，这件作品与他正在创作的“roden crater project”（1979—）有着诸多关联。展览在夏至日开幕，James Turrell用戏剧化的方式给古根海姆带来了转变。

与其他建筑照明相比较，博物馆环境照明一方面要给观众创造良好的视觉环境；另一方面又要考虑对展品的保护，减少光辐射的损害。良好的视觉环境与保护展品防止光辐射损害是一对矛盾。而且不同的博物馆，不同的展品，其矛盾的表现不尽相同。众所周知，为了获得较好的视觉效果，应适量提高照度值；而解决这种矛盾，是博物馆照明的关键和目标（图8-5）。

博物馆通常对照明的质量要求很高（图8-6）。首先照度均匀度对于平面展品最低照度与平均照度之比不应小于0.8，但对于高度大于1.4米的平面展品，则要求最低照度与平均照度之比不应小于0.4。只有一

图8-5

图8-6

般照明的陈列室，地面最低照度与平均照度之比不应小于0.7，然后是眩光的限制。在观众观看展品的视场中，不应有来自光源或窗户的直接眩光或来自各种表面的反射眩光。而观众或其他物品在光泽面（如展柜玻璃或画框玻璃）上产生的映像不应妨碍观众观赏展品。另一方面对油画或表面有光泽的展品，在观众的观看方向不应出现光幕反射。

其次是光源的颜色。应选用色温小于3300K的光源作照明光源。在陈列绘画、彩色织物、多色展品等对辨色要求高的场所，应采用一般显色指数（Ra）不低于90的光源作照明光源。对辨色要求不高的场所，可采用一般显色指数不低于60的光源作照明光源。最后是立体感，对于立体的展品，应表现其立体感。立体感应通过定向照明和漫射照明的结合来实现陈列室表面的颜色和反射比，墙面宜用中性色和无光泽的饰面，其反射比不宜大于0.6。地面宜用无光泽的饰面，其反射比不宜大于0.3。顶棚宜用无光泽的饰面，其反射比不宜大于0.8。

新技术为博物馆照明带来新发展（图8-7）。在国际、国内照明设计飞速发展的今天，博物馆照明已经不能只单单考虑、尊崇某些照明质量和照明参数的规范，博物馆的照明设计具有很高的工艺要求，它是一个系统工程的问题。单一的建筑学配置或单一的照明技术都不能很好实现最终的照明效果，设计师应该把照明技术、展陈主题、艺术效果和观众的心理结合考虑，综合设计。

图8-7

新的照明技术提出更高的照明要求，也带来更多照明问题需要解决。随着对照明技术的深入理解，我们发现问题越来越多，对于博物馆照明的设计理论已经比较完整，但是随着LED技术的发展，每个设计师不得不面对LED灯具。原有的设计理论从某种角度来说，已经崩溃了。原来没办法解决的问题，一下子变得容易了，比如调光问题。照明灯具的功率可以任意设置，光束可以任意想象，灯具的体积也可以任意设定，设计师更自由了，也更困惑了，因为需要的设计知识体系越来越庞大了。

## 第二节　美术馆照明环境

艺术本身是没有明确定义的，创作者往往经由自我内心的意向去勾画出所向往的世界，用艺术的形式呈现在人们的面前。艺术家游走于不同的艺术领域，他们的创作具备融合文化的特点，也集合多元文化的优势，他们的作品或浪漫唯美，或寓意深长，或妙笔生花。一幅完美的作品呈现在人们面前的时候，不只是简单地将它挂在墙上，更需要的是通过灯光的艺术来将它的唯美之处释放在人们的视觉当中。正确合适的灯光艺术，既能给观众创造良好的参观环境，提高展品鉴赏价值；又能妥善地保管展品，避免受光辐射损害，将艺术长久地承传下去（图8-8）。

图8-8

如何让艺术作品承传下去，保护艺术最原始的制作，是画廊照明和美术馆照明设计首先要考虑的。灯光红外辐射的热效应会使照射物品表面温度升高，造成表面的延展或收缩的循环，以及湿气的不断移动，特别是容易吸湿的材料或由多层不同材料构成的作品，如多层颜料绘制的作品，最容易遭受其害。而灯光紫外辐射的化学效应，能够穿透绘画作品的表面层漆，使物质分子发生化学变化，时间长了会使艺术作品失去原来要表现的色彩，令其失去鉴赏价值。

由于人们物质生活不断提高，对精神层面的追求也随之有所上升，不仅在形式美上的感受，更是在精神境界上的审美要求也在与日俱增。而艺术作品中体现的那些新鲜和好奇，事物被隐藏起来的背面或不易察觉的盲点，都可能带来令人耳目一新的美感享受。通过不同角度形成明暗对比，利用光影组合勾勒艺术作品细节，将艺术家想通过现实作品体现的幻想心境如实地呈现出来，让观众通过作品体验各种乐趣。

## 一、光影和色彩

几乎每个人都曾有过这样的体会，情不自禁地想要走进一幅绘画作品所描绘的世界。高显色指数的灯光可以真实地将这些艺术作品的原貌、色彩更加真实地呈现在观众眼前，带领观众进入艺术的天堂。在进行美术馆照明设计时，有效地保护美术作品是基本功能，我们应该以最低的限度去设定灯光的照度。所以，当观赏者进入展馆时，就不得不经历从室外数万计lux的照度到屋内尽数计lux照度的视觉应变过程。因此，要把光线及巨大落差对眼睛产生的明暗变化的适应能力充分考虑在内。经各种照明手法，合理有序地安排各个展览室之间，保证舒适性观赏的关键条件。

由于视觉的颜色适应作用，昼光照明时无论是晴天还是阴天，只要有足够的照度，物体的知觉颜色始终保持恒定不变。所以从光源颜色角度来说，天然光是理想的采光光源。如采用人工照明形式，为保持展品的固有色彩，选用日光色光源比较理想（图8-9）。

## 二、亮度分布

在展览会上，展出的内容主题应是视野中最亮的部分。光源、灯具不要引人注目，以利于观众将注意力放在观赏展品上。需重点突出的展品，常采用局部照明以加强它同周围环境的亮度对比。

环境亮度的分布决定观众的视觉适应状况。在照度水平不同的展室之间，尤其在明暗悬殊的展室走廊部分，应设有逐渐过渡的照明区域，使观众由亮的环境到暗的空间时不致有昏暗之感，降低观赏兴趣。

图8-9

展品背景亮度和色彩不要喧宾夺主。展品与背景的亮度之比以1：3到3：1之间为好。一般情况，背景应当是无光泽、无色彩（或淡灰色）饰面（表8-1）。

案例：上海玻璃博物馆，在1000平方米的空间内，“Keep It Glassy”的前身是一座带有工业特性的老厂房。协调亚洲选择将这些粗犷的空间和部分斑驳的痕迹感保留下来，并着重地体现出这些墙面和地面的质感。

低调沉稳的灯光在层层波纹中，通过光线的折射在天花板上映衬出熠熠光彩。在与这种原始的工业化的玻璃制造车间的空间对比中，不断地提醒着设计师他们原始的不经修饰的工作间，这些在水池中展台上的作品最终通过设计师的辛勤劳动而成形。又隐隐喻示着当今设计师的多面性,如艺术家、时尚达人、明星都可以在这里找到他的本质。

或反射，或折射，或聚集，或发散，或锐利或柔

表8–1

| 敏感度 \ 标准 | | JIS(日标) 1979 | ICOM(法标) 1977 | IES（英标） 1970 | IES(美标) |
|---|---|---|---|---|---|
| 对放射性光线非常敏感的物体 | 纺织物、服装、水彩画、纺织物的碎片、印刷品或素描作品、邮票、抄写本、彩绘、墙纸、染色皮革等 | 150～300（贴面材料制品及标本类为75～150） | 50越低越好（色温度约2900k） | 50 | 120000lx,h/年(50) |
| 对放射性光线比较敏感的物体 | 油画、蛋清及胶水调和颜料、天然皮革、动物的角、木制品、漆器等 | 300～750 | 150–180（色温度约400k） | 150 | 180000lx,h/年（75）200～500 |
| 对放射性光线不敏感的物体 | 金属、石头、玻璃、陶瓷器、彩色玻璃、宝石、珐琅等 | 750～1000 | 没有特别的色温度限制，但超过300lx的照明几乎很少使用 | — | — |

和，或暗又或明在“Keep It Glassy”的灯光空间环境中交融碰撞。通过全新的丰富的玻璃视角，“Keep It Glassy”带给参观者一种全新的令人兴奋的丰富的灯光视觉体验角度，也再一次从整体理念上为上海玻璃博物馆增添了一份优雅的设计及功能体验。

对于美术馆照明而言，首先得有一座合适的建筑，它的高度、面积、空间布局、内饰等方面，应该适合做展览、适合展品在这个空间中的布置、便于随时调整、适合观看、利于营造氛围等，也就是说，应该提供一个适合展览的空间，而不应该仅仅是一个花架子，外表看着光鲜另类，但是不便于布展和观展（如今，这种花架子形式的美术馆数不胜数）；然后应该提供一套完整的照明系统，这就是我们通常意义上所谓的照明设计和照明工程建设中所要提供的内容。但在这里，这部分内容只应该是整个照明工作中的一个组成部分，这也许就是此类博展建筑中的一个特点：提供了一整套完善的照明系统，但工作并没有做完。

这套系统是一个包含了灯具系统、机械系统、控制系统等子系统的综合系统，它能提供不同性质的光、不同方向的光、不同数量的光、各种配合比例的光等，这个照明系统应该能十分方便地随时调整，调整内容自然是多方面的。比如，照明位置、方向、数量、光束宽窄、光性质比例、不同方向光比例等。

如前所述，要想完成好博展建筑的展览照明，还有一个非常重要的环节，就是应该配备一套既懂得照明系统调试，又能理解艺术品内涵，能够和艺术家有效沟通的照明系统的管理人员，这些所谓的管理人员，绝对不应仅是电工、清洁工、维修工，更不能是行政人员，因为作品的位置安排、针对性的照明调整、照明表现所呈现的展品艺术效果的考量等，一系列内容，够得上是一次再度创作了。如果这一照明调试工作不能真正做到位的话，再好的照明设备也只能是摆设，再好的艺术品也不可能焕发出其应有的光彩。所以，美术馆的照明是由前面所提到的这样的几个环节构成的，这样的几个环节是不应该缺少的，只有这几个环节扣紧、互动、衔接，才能使美术馆照明做到位。

## 三、反射、眩光和空间转换

影响美术馆展示照明舒适感的重要因素之一是眩光。在观者观看展品的视域内，不应有来自光源或窗户的直接眩光或来自各种表面的反射眩光；观众或其他物品在光泽面（如展柜玻璃或画框玻璃）上产生的映像不应妨碍观众观赏展品；对油画或表面有光泽的展品，在观众的观看方向不应出现光幕反射。在展览空间中避免反射与眩光对观众的干扰非常重要。在初步的策划组织阶段就应慎重考虑窗子和灯具的位置及展厅的照度分布。首先须防止直接眩光，如采用日光照明，应严格遮挡直射日光，人工光照明的灯具须有足够的遮光角；其次是防止反光干扰。反光干扰有以下几种情况。

(1) 光源经过镜面玻璃或其他光泽面反射到观众眼里造成的眩光，为一次反射。

(2) 观众自身或其他物品的亮度高于展品表面亮度，在玻璃或光泽面上出现的反射映像，为二次反射。

(3) 在有光泽材料的展品上出现的光幕反射。

为避免一次反射，平面展品的照明光源应布置在反射干扰区以外。展品照度若能高于展厅一般照度水平和观众区域的照度，则能减弱二次反射。

美术馆和画廊展品的陈列可能根据需要随时更换、调整。比如某一面墙，今天展出的这幅画，画家觉得它具有很强的艺术感染力，不需要灯光去特别显现它，只需要把墙面洗亮就可以了；而明天，另一幅画的画家就要求单独突出画在空间的震撼力，要求对作品做重点照明。因此，如果布展发生了改变，照明也应该灵活、方便地配合展示空间作相应改变。

在美术馆建筑内部的整体照明设计中，我们要注意地板的微小的落差，自下而上的暖色地灯为了提示进入地面标高不同的建筑；天花板的灯光还有与周围建筑产生的缝隙距离都使得建筑与周边产生对话。

安全性是一切照明设计的基础与中心，要注意光源的散热，用电量不得超出供电负荷，以确保可以长期持续、顺利安全地进行。

## 四、智能管理照明

传统的照明为了保护像纸质类、丝绸类等艺术作品，一般是采用红外线感应系统，人走近时慢慢亮起，人离开时慢慢暗下。若利用基于DALI系统控制的LED灯具则可以有更多的可能性，可通过系统编程控制感光敏感作品如水彩画、蜡笔画、素描、手稿等的曝光时间，更好地保护作品。而且它的变化和判断可以有更多的引导性，比如一个画展，展出60幅画，艺术家要想在画展中表现其内在的构思和创作历程，就可以通LED的编程控制，产生对创作过程的引导性的欣赏，让高科技给观众带来不一样的感受。

## 五、美术馆内如何使用调光技术

参观者可能会在各种不同的时间、天气、季节等情况下步入美术馆。换句话说，参观者会来自于各种不同的光线环境。如果是从暗处到明处，眼睛基本上能在一分钟内适应周围的环境。相反，若是从明处走到暗处，眼睛适应环境的过程会长达几分钟甚至十几分钟。在美术馆的空间布局时，必须将眼睛的这种生理适应能力也考虑在内。为了使空间显得更加舒适，应该灵活运用灯光辉度的整体节奏，有效地调整水平面明度和锥面明度。

光有自然的属性，也有人文的属性；光有功能性的用途，也有艺术性的内在。在展示空间的照明设计中，这些人文艺术类的特质体现得尤为明显，为人类的艺术世界配上迷幻的韵味，这里的光，透露出作为艺术家那一面的真实表情。

# 附录：各类照明设计标准值表

## 附表1 居住建筑照明标准值

| 房间或场所 | | 参考平面及其高度 | 照度标准值/lx | Ra |
|---|---|---|---|---|
| 起居室 | 一般活动 | 0.75m水平面 | 100 | 80 |
| | 书写、阅读 | | 300* | |
| 卧室 | 一般活动 | 0.75m水平面 | 75 | 80 |
| | 床头、阅读 | | 150* | |
| 餐厅 | | 0.75m餐桌面 | 150 | 80 |
| 厨房 | 一般活动 | 0.75m水平面 | 100 | 80 |
| | 操作台 | 台面 | 150* | |
| 卫生间 | | 0.75m水平面 | 100 | 80 |

注：*宜用混合照明。

## 附表2 图书馆建筑照明标准值

| 房间或场所 | 参考平面及其高度 | 照度标准值/lx | UGR | Ra |
|---|---|---|---|---|
| 一般阅览室 | 0.75m水平面 | 300 | 19 | 80 |
| 国家、省、市及其他重要图书馆的阅览室 | 0.75m水平面 | 500 | 19 | 80 |
| 老年阅览室 | 0.75m水平面 | 500 | 19 | 80 |
| 珍善本、舆图阅览室 | 0.75m水平面 | 500 | 19 | 80 |
| 陈列室、目表厅(室)、出纳厅 | 0.75m水平面 | 300 | 19 | 80 |
| 书库 | 0.25m垂直面 | 50 | — | 80 |
| 工作间 | 0.75m水平面 | 300 | 19 | 80 |

## 附表3　办公建筑照明标准值

| 房间或场所 | 参考平面及其高度 | 照度标准值/lx | UGR | Ra |
|---|---|---|---|---|
| 普通办公室 | 0.75m水平面 | 300 | 19 | 80 |
| 高档办公室 | 0.75m水平面 | 500 | 19 | 80 |
| 会议室 | 0.75m水平面 | 300 | 19 | 80 |
| 接待室、前台 | 0.75m水平面 | 200 | — | 80 |
| 营业厅 | 0.75m水平面 | 300 | 22 | 80 |
| 设计室 | 实际工作面 | 500 | 19 | 80 |
| 文件整理、复印、发行室 | 0.75m水直面 | 300 | — | 80 |
| 资料、档案存放室 | 0.75m水平面 | 200 | — | 80 |

## 附表4　商业建筑照明标准值

| 房间或场所 | 参考平面及其高度 | 照度标准值/lx | UGR | Ra |
|---|---|---|---|---|
| 一般商店营业厅 | 0.75m水平面 | 300 | 22 | 80 |
| 高档商店营业厅 | 0.75m水平面 | 500 | 22 | 80 |
| 一般超市营业厅 | 0.75m水平面 | 300 | 22 | 80 |
| 高档超市营业厅 | 0.75m水平面 | 500 | 22 | 80 |
| 仓储式超市 | 0.75m水平面 | 300 | 22 | 80 |
| 一般室内商业室 | 地面 | 200 | 22 | 80 |
| 高档室内商业室 | 地面 | 300 | 22 | 80 |
| 专卖店营业厅 | 0.75m水平面 | 300 | 22 | 80 |
| 农贸市场 | 0.75m水平面 | 200 | 25 | 80 |
| 收款台 | 台面 | 500* | — | 80 |

注：*宜用混合照明。

## 附表5　观演建筑照明标准值

| 房间或场所 | | 参考平面及其高度 | 照度标准值/lx | UGR | Ra |
|---|---|---|---|---|---|
| 门厅 | | 地面 | 200 | 22 | 80 |
| 观众厅 | 影院 | 0.75m水平面 | 100 | 22 | 80 |
| | 剧场、音乐厅 | 0.75m水平面 | 150 | 22 | 80 |
| 观众休息厅 | 影院 | 地面 | 150 | 22 | 80 |
| | 剧场、音乐厅 | 地面 | 200 | 22 | 80 |
| 排演厅 | | 地面 | 300 | 22 | 80 |
| 化妆室 | 一般活动区 | 0.75m水平面 | 150 | 22 | 80 |
| | 化妆台 | 1.1m高处垂直面 | 500* | — | 90 |

注：*宜用混合照明。

## 附表6　旅馆建筑照明标准值

| 房间或场所 | | 参考平面及其高度 | 照度标准值/lx | UGR | Ra |
|---|---|---|---|---|---|
| 客房 | 一般活动区 | 0.75m水平面 | 75 | — | 80 |
| | 床头 | 0.75m水平面 | 150 | — | 80 |
| | 写字台 | 台面 | 300* | — | 80 |
| | 卫生间 | 0.75m水平面 | 150 | — | 80 |
| 中餐厅 | | 0.75m水平面 | 200 | 22 | 80 |
| 西餐厅 | | 0.75m水平面 | 150 | — | 80 |
| 酒吧间、咖啡厅 | | 0.75m水平面 | 100 | — | 80 |
| 多功能厅、宴会厅 | | 0.75m水平面 | 300 | 22 | 80 |
| 总服务台 | | 台面 | 300* | — | 80 |
| 客房层走廊 | | 地面 | 50 | — | 80 |

续表

| 房间或场所 | 参考平面及其高度 | 照度标准值/lx | UGR | Ra |
| --- | --- | --- | --- | --- |
| 厨房 | 台面 | 500* | — | 80 |
| 洗衣房 | 0.75m水平面 | 200 | — | 80 |

注：*宜用混合照明。

## 附表7　学校建筑照明标准值

| 房间或场所 | 参考平面及其高度 | 照度标准值/lx | UGR | Ra |
| --- | --- | --- | --- | --- |
| 教室、阅览室 | 课桌面 | 300 | 19 | 80 |
| 实验室 | 实验桌面 | 300 | 19 | 80 |
| 美术教室 | 桌面 | 500 | 19 | 90 |
| 多媒体教室 | 0.75m水平面 | 300 | 19 | 80 |
| 教室黑板 | 黑板面 | 500* | — | 80 |

注：*宜用混合照明。

## 附表8　工业建筑一般照明标准值

| 房间或场所 | | 参考平面及其高度 | 照度标准值/lx | UGR | Ra | 备注 |
| --- | --- | --- | --- | --- | --- | --- |
| 1.通用房间或场所 | | | | | | |
| 试验室 | 一般 | 0.75m水平面 | 300 | 22 | 80 | 可另加局部照明 |
| | 精细 | 0.75m水平面 | 500 | 19 | 80 | 可另加局部照明 |
| 检验 | 一般 | 0.75m水平面 | 300 | 22 | 80 | 可另加局部照明 |
| | 精细，有颜色要求 | 0.75m水平面 | 750 | 19 | 80 | 可另加局部照明 |
| 计量室、测量室 | | 0.75m水平面 | 500 | 25 | 60 | 可另加局部照明 |
| 变、配电站 | 配电装置室 | 0.75m水平面 | 200 | 19 | 80 | |
| | 变压器室 | 地面 | 100 | 28 | 20 | |
| 电源设备室、发电机室 | | 地面 | 200 | 25 | 60 | |

| 房间或场所 | | 参考平面及其高度 | 照度标准值/lx | UGR | Ra | 备注 |
|---|---|---|---|---|---|---|
| 控制室 | 一般控制室 | 0.75m水平面 | 300 | 22 | 80 | 盘面照度不小于200lx |
| | 主控制室 | 0.75m水平面 | 300 | 19 | 80 | 盘面照度不小于200lx |
| 电话站，网络中心 | | 0.75m水平面 | 500 | 19 | 80 | |
| 计算机站 | | 0.75m水平面 | 500 | 19 | 80 | 防光幕反射 |
| 动力站 | 风机房，空调机房 | 地面 | 100 | 28 | 60 | |
| | 泵房 | 地面 | 100 | 28 | 20 | |
| | 冷冻站 | 地面 | 150 | 28 | 60 | |
| | 压缩空气站 | 地面 | 150 | 25 | 60 | |
| | 锅炉房、煤气站的操作室 | 地面 | 100 | 28 | 40 | 锅炉水位表照度不小于50lx |
| 仓库 | 大件库(如钢坯、钢材、大成品、气瓶) | 1.0m水平面 | 50 | 28 | 20 | |
| | 一般件库 | 1.0m水平面 | 100 | 25 | 60 | 货架垂直照度不小于50lx |
| | 精细件库(如工具，小零件) | 1.0m水平面 | 100 | 25 | 60 | 货架垂直照度不小于50lx |
| 车辆加油站 | | 地面 | 100 | 25 | 60 | 油表照度不小于50lx |
| 2.机、电工业 | | | | | | |
| 机械加工 | 粗加工 | 0.75m水平面 | 200 | 22 | 60 | 可另加局部照明 |
| | 一般加工（公差≥0.1mm) | 0.75m水平面 | 300 | 22 | 60 | 应另加局部照明 |
| | 精细加工（公差<0.1mm) | 0.75m水平面 | 500 | 19 | 60 | 应另加局部照明 |
| 机电仪表装配 | 大件 | 0.75m水平面 | 200 | 25 | 80 | 可另加局部照明 |
| | 一般件 | 0.75m水平面 | 300 | 25 | 80 | 可另加局部照明 |
| | 精密 | 0.75m水平面 | 500 | 22 | 80 | 应另加局部照明 |
| | 特精密 | 0.75m水平面 | 750 | 19 | 80 | 应另加局部照明 |
| 电线、电缆制造 | | 0.75m水平面 | 300 | 25 | 60 | |

续表

| 房间或场所 | | 参考平面及其高度 | 照度标准值/lx | UGR | Ra | 备注 |
| --- | --- | --- | --- | --- | --- | --- |
| 线圈绕制 | 大线圈 | 0.75m水平面 | 300 | 25 | 80 | |
| | 中等线圈 | 0.75m水平面 | 500 | 22 | 80 | |
| | 精细线圈 | 0.75m水平面 | 750 | 19 | 80 | |
| 线圈浇注 | | 0.75m水平面 | 300 | 25 | 80 | |
| 焊接 | 一般 | 0.75m水平面 | 200 | 25 | 60 | |
| | 精密 | 0.75m水平面 | 300 | 25 | 60 | |
| 钣金 | | 0.75m水平面 | 300 | 25 | 60 | |
| 冲压、剪切 | | 0.75m水平面 | 300 | 25 | 60 | |
| 热处理室 | | 地面至0.5m水平面 | 25 | 25 | 20 | |
| 铸造 | 熔化、浇注 | 地面至0.5m水平面 | 200 | 25 | 20 | |
| | 造型 | 地面至0.5m水平面 | 300 | 25 | 60 | |
| 精密铸造的制模、脱壳 | | 地面至0.5m水平面 | 500 | 25 | 60 | |
| 锻工 | | 地面至0.5m水平面 | 200 | 25 | 20 | |
| 电镀 | | 0.75m水平面 | 300 | 25 | 80 | |
| 喷漆 | 一般 | 0.75m水平面 | 25 | 25 | 80 | |
| | 精细 | 0.75m水平面 | 500 | 22 | 80 | |
| 酸洗、腐蚀、清洗 | | 0.75m水平面 | 300 | 25 | 80 | |
| 抛光 | 一般装饰性 | 0.75m水平面 | 25 | 22 | 80 | |
| | 精细 | 0.75m水平面 | 500 | 22 | 80 | |
| 复合材料加工、铺叠、装饰 | | 0.75m水平面 | 500 | 22 | 80 | 防频闪 |
| 机电修理 | 一般 | 0.75m水平面 | 200 | 25 | 60 | 可另加局部照明 |
| | 精细 | 0.75m水平面 | 300 | 22 | 60 | 可另加局部照明 |

续表

| 房间或场所 | | 参考平面及其高度 | 照度标准值/lx | UGR | Ra | 备注 |
|---|---|---|---|---|---|---|
| 3.电子和信息产业 | | | | | | |
| 电子元器件 | | 0.75m水平面 | 500 | 19 | 80 | 应另加局部照明 |
| 电子零部件 | | 0.75m水平面 | 500 | 19 | 80 | 应另加局部照明 |
| 电子材料 | | 0.75m水平面 | 300 | 22 | 80 | 应另加局部照明 |
| 酸、碱、药液及粉配剂 | | 0.75m水平面 | 300 | 22 | 80 | |
| 4.纺织、化纤工业 | | | | | | |
| 纺织 | 选毛 | 0.75m水平面 | 300 | 22 | 80 | 可另加局部照明 |
| | 清棉、和毛、梳毛 | 0.75m水平面 | 150 | 22 | 80 | |
| | 前纺、梳棉、并条、粗纺 | 0.75m水平面 | 200 | 22 | 80 | |
| | 纺纱 | 0.75m水平面 | 300 | 22 | 80 | |
| | 织布 | 0.75m水平面 | 300 | 22 | 80 | |
| 织袜 | 穿综筘、缝纫、量呢、检验 | 0.75m水平面 | 300 | 22 | 80 | 可另加局部照明 |
| | 修补、剪毛、染色、印花、裁剪、熨烫 | 0.75m水平面 | 300 | 22 | 80 | 可另加局部照明 |
| 化纤 | 投料 | 0.75m水平面 | 100 | 25 | 80 | |
| | 纺丝 | 0.75m水平面 | 150 | 22 | 80 | |
| | 卷绕 | 0.75m水平面 | 200 | 22 | 80 | |
| | 平衡间，中间贮存干燥间，废丝间，油剂高位槽纺 | 0.75m水平面 | 75 | 25 | 60 | |
| | 集束间，后加工车间，打包间，油剂调配间 | 0.75m水平面 | 100 | 25 | 60 | |
| | 组件清洗间 | 0.75m水平面 | 150 | 25 | 60 | |
| | 拉伸、变形、分级包装 | 0.75m水平面 | 150 | 25 | 60 | 操作面可另加局部照明 |
| | 化验、检验 | 0.75m水平面 | 200 | 22 | 80 | 可另加局部照明 |

续表

<table>
<tr><th colspan="2">房间或场所</th><th>参考平面<br>及其高度</th><th>照度标准值<br>/lx</th><th>UGR</th><th>Ra</th><th>备注</th></tr>
<tr><td colspan="7">5.制药工业</td></tr>
<tr><td colspan="2">制药生产、配制、清洗、灭菌、超滤、制粒、压片</td><td>0.75m水平面</td><td>300</td><td>22</td><td>80</td><td></td></tr>
<tr><td colspan="2">制药生产流转通道</td><td>地面</td><td>200</td><td>25</td><td>80</td><td></td></tr>
<tr><td colspan="7">6.橡胶工业</td></tr>
<tr><td colspan="2">炼胶车间</td><td>0.75m水平面</td><td>300</td><td>22</td><td>80</td><td></td></tr>
<tr><td colspan="2">压延压出工段</td><td>0.75m水平面</td><td>300</td><td>22</td><td>80</td><td></td></tr>
<tr><td colspan="2">成型或断工段</td><td>0.75m水平面</td><td>300</td><td>22</td><td>80</td><td></td></tr>
<tr><td colspan="2">硫化工段</td><td>0.75m水平面</td><td>300</td><td>22</td><td>80</td><td></td></tr>
<tr><td colspan="7">7.电力工业</td></tr>
<tr><td colspan="2">火电厂锅炉房</td><td>地面</td><td>100</td><td>28</td><td>40</td><td></td></tr>
<tr><td colspan="2">发电机房</td><td>地面</td><td>20</td><td>25</td><td>60</td><td></td></tr>
<tr><td colspan="2">主控室</td><td>0.75m水平面</td><td>500</td><td>16</td><td>80</td><td>控制盘面照度200lx</td></tr>
<tr><td colspan="7">8.钢铁工业</td></tr>
<tr><td rowspan="3">炼铁</td><td>炉顶平台、各层平台</td><td>平台面</td><td>30</td><td>25</td><td>40</td><td></td></tr>
<tr><td>出铁厂、出铁机室</td><td>地面</td><td>100</td><td>25</td><td>40</td><td></td></tr>
<tr><td>卷扬机室、碾泥机室、煤气清洗配水室</td><td>地面</td><td>50</td><td>25</td><td>40</td><td></td></tr>
<tr><td rowspan="3">炼钢及连铸</td><td>炼钢主厂房和平台</td><td>地面</td><td>150</td><td>25</td><td>40</td><td></td></tr>
<tr><td>主铸浇注平台，切割区，出坯区</td><td>地面</td><td>150</td><td>25</td><td>40</td><td></td></tr>
<tr><td>静整清理线</td><td>地面</td><td>200</td><td>25</td><td>60</td><td></td></tr>
<tr><td colspan="7">9.制浆造纸工业</td></tr>
<tr><td colspan="2">备料</td><td>地面</td><td>150</td><td>25</td><td>60</td><td></td></tr>
<tr><td colspan="2">蒸煮、选洗、漂白</td><td>地面</td><td>200</td><td>25</td><td>20</td><td></td></tr>
</table>

续表

| 房间或场所 | | 参考平面及其高度 | 照度标准值/lx | UGR | Ra | 备注 |
|---|---|---|---|---|---|---|
| 打浆、纸机底部 | | 地面 | 200 | 25 | 60 | |
| 纸机网部、压榨部、烘缸、压光、卷取、涂布 | | 地面 | 300 | 25 | 60 | |
| 复卷、切纸 | | 地面 | 300 | 25 | 60 | |
| 选纸 | | 地面 | 500 | 22 | 60 | |
| 碱回收 | | 地面 | 200 | 25 | 40 | |
| 10.食品及饮料工业 | | | | | | |
| 食品 | 糕点、糖果 | 0.75m水平面 | 200 | 22 | 80 | |
| | 肉制品、乳制品 | 0.75m水平面 | 300 | 22 | 80 | |
| 饮料生产 | | 0.75m水平面 | 300 | 25 | 80 | |
| 啤酒 | 糖化 | 0.75m水平面 | 200 | 25 | 60 | |
| | 发酵 | 0.75m水平面 | 150 | 25 | 60 | |
| | 包装 | 0.75m水平面 | 150 | 25 | 60 | |
| 11.玻璃工业 | | | | | | |
| 备料、退火、熔制 | | 0.75m水平面 | 150 | 25 | 60 | |
| 窑炉 | | 地面 | 100 | 28 | 20 | |
| 12.水泥车间 | | | | | | |
| 主要生产车间（粉碎，原料粉磨，烧成，水泥粉磨，包装） | | 地面 | 100 | 28 | 20 | |
| 储存 | | 地面 | 75 | 28 | 40 | |
| 输送走廊 | | 地面 | 30 | 28 | 20 | |
| 粗坯成型 | | 0.75m水平面 | 300 | 25 | 60 | |
| 13.皮革工业 | | | | | | |
| 原皮、水浴 | | 0.75m水平面 | 200 | 25 | 60 | |

续表

| 房间或场所 | | 参考平面及其高度 | 照度标准值/lx | UGR | Ra | 备注 |
|---|---|---|---|---|---|---|
| 轻毂、整理、成品 | | 0.75m水平面 | 200 | 22 | 60 | 可另加局部照明 |
| 干燥 | | 地面 | 100 | 28 | 20 | |
| 14.化学、石油工业 | | | | | | |
| 制丝车间 | | 0.75m水平面 | 200 | 25 | 60 | |
| 卷烟、接过滤嘴、包装 | | 0.75m水平面 | 300 | 22 | 80 | |
| 15.化学、石油工业 | | | | | | |
| 厂区内经常操作的区域、油泵压缩机、阀门、电操作柱 | | 操作位高度 | 100 | 28 | 20 | |
| 装置区现场控制和检测点，如指示仪表、液位计等 | | 测控点高度 | 75 | 25 | 60 | |
| 人行通道、平台、设备顶部 | | 地面或台面 | 30 | 28 | 20 | |
| 装卸站 | 装卸设备顶部和部分操作位 | 操作位高度 | 75 | 28 | 20 | |
| | 平台 | 地面 | 30 | 28 | 20 | |
| 16.木业和家具制造 | | | | | | |
| 一般机器加工 | | 0.75m水平面 | 200 | 22 | 60 | |
| 精密机器加工 | | 0.75m水平面 | 500 | 19 | 80 | 防频闪 |
| 锯木区 | | 0.75m水平面 | 300 | 25 | 60 | 防频闪 |
| 木型区 | | 0.75m水平面 | 300 | 22 | 60 | 防频闪 |
| 胶合，组装 | | 0.75m水平面 | 300 | 25 | 60 | |
| 磨光、异形细木工 | | 0.75m水平面 | 750 | 22 | 60 | |

注：需增加局部照明的作业面，增加的局部照明值宜按该场所一般照明值1.0～3.0倍选取。

## 附表9　公用场所照明标准值

| 房间或场所 | | 参考平面及其高度 | 照度标准值/lx | UGR | Ra |
|---|---|---|---|---|---|
| 门厅 | 普遍 | 地面 | 100 | — | 60 |

续表

| 房间或场所 | | 参考平面及其高度 | 照度标准值/lx | UGR | Ra |
| --- | --- | --- | --- | --- | --- |
| 门厅 | 高档 | 地面 | 200 | — | 80 |
| 走廊、流动区域 | 普遍 | 地面 | 50 | — | 60 |
| | 高档 | 地面 | 100 | — | 80 |
| 楼梯、平台 | 普遍 | 地面 | 30 | — | 60 |
| | 高档 | 地面 | 75 | — | 80 |
| 自动扶梯 | | 地面 | 150 | — | 60 |
| 厕所、浴室 | 普遍 | 地面 | 75 | — | 60 |
| | 高档 | 地面 | 150 | — | 80 |
| 电梯前厅 | 普遍 | 地面 | 75 | — | 60 |
| | 高档 | 地面 | 150 | — | 80 |
| 休息室 | | 地面 | 100 | 22 | 80 |
| 储藏室、仓库 | | 地面 | 100 | — | 60 |
| 车库 | 停车间 | 地面 | 75 | 28 | 60 |
| | 检修间 | 地面 | 200 | 25 | 60 |

## 附表10　无彩电转播的体育建筑照度标准值

| 运动项目 | 参考平面及其高度 | 照度标准值/lx | |
| --- | --- | --- | --- |
| | | 训练 | 比赛 |
| 篮球、排球、羽毛球、网球、手球、田径（室内）、体操、艺术体操、技巧、武术 | 地面 | 300 | 750 |
| 棒球、垒球 | 地面 | — | 750 |
| 保龄球 | 置瓶区 | 300 | 500 |
| 举重 | 台面 | 200 | 750 |

续表

| 运动项目 | | | 参考平面及其高度 | 照度标准值/lx | |
|---|---|---|---|---|---|
| | | | | 训练 | 比赛 |
| 击剑 | | | 台面 | 500 | 750 |
| 柔道、中国摔跤、国际摔跤 | | | 地面 | 500 | 1000 |
| 拳击 | | | 台面 | 500 | 2000 |
| 乒乓球 | | | 台面 | 750 | 1000 |
| 游泳、蹼泳、跳水、水球 | | | 水面 | 300 | 750 |
| 花样游泳 | | | 水面 | 500 | 750 |
| 冰球、速度滑冰、花样滑冰 | | | 冰面 | 300 | 1500 |
| 围棋、中国象棋、国际象棋 | | | 台面 | 300 | 750 |
| 桥牌 | | | 桌面 | 300 | 500 |
| 射击 | 靶心 | | 靶心垂直面 | 1000 | 1500 |
| | 射击位 | | 地面 | 300 | 500 |
| 足球、曲棍球 | 观看距离 | 120m | 地面 | — | 300 |
| | | 160m | | — | 500 |
| | | 200m | | — | 750 |

注：足球和曲棍球的观看距离是指观众最后一排到场地边线的距离。

## 附表11　有彩电转播的体育建筑照度标准值

| 运动项目 | 参考平面及其高度 | 照度标准值/lx | | |
|---|---|---|---|---|
| | | 最大摄影距离/m | | |
| A组：田径、柔道、游泳、摔跤等项目 | 1.0m垂直面 | 25 | 75 | 150 |
| B组：篮球、排球、羽毛球、手球、体操、花样滑冰、速滑、垒球、足球等项目 | 1.0m垂直面 | 750 | 1000 | 1500 |
| C组：拳击、击剑、跳水、乒乓球、冰球等项目 | 1.0m垂直面 | 1000 | 1500 | — |

## 附表12　体育建筑照明质量标准值

| 类别 | GR | Ra |
| --- | --- | --- |
| 无彩电转播 | 50 | 65 |
| 有彩电转播 | 50 | 80 |

注：GR值仅适用于室外体育场地。

# 参考文献 >>


1.焦阳，孙勇主编．绿色建筑光环境技术与实例．北京：化学工业出版社，2012．

2.[日]中岛龙兴，近田玲子，面出薰著.照明设计入门．马俊译．北京：中国建筑工业出版社，2005．

3.常志刚编著．亮度空间设计．北京：中国建筑工业出版社，2007．

4.王超鹰主编．21世纪超级灯光设计．上海：上海人民美术出版社，2006．

5.孔键著，范业闻编著．现代室内设计创作视野．上海：同济大学出版社，2009．

6.徐纯一著．光在建筑中的安居．北京清华大学出版社，2010．

7.[美]露西·马丁著．室内设计师专用灯光设计手册．上海：上海人民美术出版社，2012．

8.[日]中岛龙兴著.照明灯光设计．马卫星编译．北京：北京理工大学出版社，2003．

9.李光耀主编．室内照明设计与工程．北京：化学工业出版社，2007．

10.陈一才编著．装饰与艺术照明设计安装手册．北京：中国建筑工业出版社，1991．

11.刘虹．中国绿色照明工程实施展望．照明工程学报．2004.第15卷第3期．

12.刘虹，高飞．近年国内外绿色照明新进展．照明工程学报．2006.第17卷第2期．

# 后记 >>

「　艺术的世界就是一片浩瀚的大海，虽然在大海里我已经遨游了二十多年，可所收获的仍然只是这沧海中的一粟而已。

在我这些年的设计实践工作中，对于室内照明设计的领域，个人积累和总结了一些有价值的专业知识与经验；在课堂教学工作中，我尝试着把这些宝贵的内容与学生进行分享，而从他们身上所得到的反馈效果也是令我比较满意的。为了可以帮助更多的专业学生和对照明设计有兴趣的朋友，我把这些年的个人浅知总结归纳在这本尚且可以称作专业的作品里，所希望的就是可以为年轻的后来者带来一些帮助和指导，让他们可以找到一条设计捷径，取得专业知识和设计成果的双重提升。本书从筹划、汇编到成书历时近一年时间，我把照明设计的设计内容分为八大主题，各自独立成章，精心撰写，并经数次修改完善，最终定稿。由于篇幅及个人能力所限，书中对于照明设计的专业介绍与描述一定是不够完整的，会存在许多瑕疵，在此首先恳请各位读者谅解，敬请给出宝贵的指导意见、批评指正。对在成书过程中各位师长朋友、同仁前辈的大力支持以及付出的辛勤劳动，在此一并表示感谢。」